Gildas Godonou
Mohamed Gibigayé

Etude de la formulation des bétons de coques de noix de palmistes

Gildas Godonou
Mohamed Gibigayé

Etude de la formulation des bétons de coques de noix de palmistes

Éditions universitaires européennes

Impressum / Mentions légales
Bibliografische Information der Deutschen Nationalbibliothek: Die Deutsche Nationalbibliothek verzeichnet diese Publikation in der Deutschen Nationalbibliografie; detaillierte bibliografische Daten sind im Internet über http://dnb.d-nb.de abrufbar.
Alle in diesem Buch genannten Marken und Produktnamen unterliegen warenzeichen-, marken- oder patentrechtlichem Schutz bzw. sind Warenzeichen oder eingetragene Warenzeichen der jeweiligen Inhaber. Die Wiedergabe von Marken, Produktnamen, Gebrauchsnamen, Handelsnamen, Warenbezeichnungen u.s.w. in diesem Werk berechtigt auch ohne besondere Kennzeichnung nicht zu der Annahme, dass solche Namen im Sinne der Warenzeichen- und Markenschutzgesetzgebung als frei zu betrachten wären und daher von jedermann benutzt werden dürften.

Information bibliographique publiée par la Deutsche Nationalbibliothek: La Deutsche Nationalbibliothek inscrit cette publication à la Deutsche Nationalbibliografie; des données bibliographiques détaillées sont disponibles sur internet à l'adresse http://dnb.d-nb.de.
Toutes marques et noms de produits mentionnés dans ce livre demeurent sous la protection des marques, des marques déposées et des brevets, et sont des marques ou des marques déposées de leurs détenteurs respectifs. L'utilisation des marques, noms de produits, noms communs, noms commerciaux, descriptions de produits, etc, même sans qu'ils soient mentionnés de façon particulière dans ce livre ne signifie en aucune façon que ces noms peuvent être utilisés sans restriction à l'égard de la législation pour la protection des marques et des marques déposées et pourraient donc être utilisés par quiconque.

Coverbild / Photo de couverture: www.ingimage.com

Verlag / Editeur:
Éditions universitaires européennes
ist ein Imprint der / est une marque déposée de
OmniScriptum GmbH & Co. KG
Heinrich-Böcking-Str. 6-8, 66121 Saarbrücken, Deutschland / Allemagne
Email: info@editions-ue.com

Herstellung: siehe letzte Seite /
Impression: voir la dernière page
ISBN: 978-3-8416-6491-4

Résumé

L'utilisation des résidus agricoles dans le béton devient de plus en plus une alternative fiable pour résoudre les problèmes environnementaux actuels tels que l'épuisement des ressources naturelles, la pollution de l'environnement. De plus, certains de ces déchets solides pourraient être utilisés pour avoir des bétons légers dont l'utilisation induit une réduction considérable de la charge morte des bâtiments.

La présente étude vise à apporter une contribution à la valorisation des résidus d'exploitation agricole que sont les coques de noix de palmistes à travers leur utilisation comme granulats dans le béton de ciment. La formulation des bétons de coques de noix de palmistes a été faite à partir de la méthode des volumes absolus

Il ressort des présents travaux que les coques de noix de palmistes sont des granulats légers, permettant d'avoir des bétons légers de masse volumique variant entre 1400 et 1900 Kg/m^3. La résistance à la compression à 28 jours varie entre 5 et 14 MPa selon le dosage en ciment.

L'étude de l'influence du traitement à la soude caustique des coques indique un accroissement des performances mécaniques du béton.

Une étude de cas a été faite et a porté sur le dimensionnement des éléments de la structure portante d'un bâtiment de type R+1 à usage d'habitation. Le béton classique a été remplacé par le béton de coques de noix de palmistes. Les résultats ont permis de conclure sur la possibilité de substitution du béton classique par celui de coques.

Mots clés : Coques de noix de palmistes – Valorisation – Densité – Résistances mécaniques.

Abstract

The use of agricultural residues in the concrete becomes more and more reliable alternative to solve current environmental problems such as depletion of natural resources, pollution of the environment. In addition, some of the solid waste could be used for lightweight concrete for use induces a significant reduction in dead load of buildings.

The present study aims to contribute to the development of farming residues that are palm kernel shells through their use as aggregate in cement concrete. Concrete formulation of palm nut shells was made from the method of absolute volumes

It is clear from this work that the palm kernel shells are lightweight aggregates, allowing for lightweight concrete density ranging between 1400 and 1900 Kg / m^3. The compressive strength at 28 days is between 5 and 14 MPa according to the cement.

The study of the influence of treatment with caustic soda shells indicates an increase in mechanical performance of concrete.

A case study has been done and focused on the design elements of the support structure of a building type R + 1 for residential use. Conventional concrete has been replaced by the concrete of palm kernel shells. The results led to the conclusion about the possibility of replacing conventional concrete by the shell.

Keywords: Oil palm shell – Valorization – Density —Mechanical strength.

Sommaire

Liste des tableaux

Liste des figures

Liste des photos

Liste des sigles et abréviations

ACI	:	American Concrete Institute
AG	:	Analyse granulométrique
CIRAD	:	Centre de Coopération Internationale en Recherche Agronomique pour le Développement
CRA-PP	:	Centre de Recherches Agricoles-Plantes Pérennes
DPP/MAEP	:	Direction de la Prospective et de la Programmation du Ministère de l'Agriculture de l'élevage et de la Pêche
EN	:	European Norms
INRAB	:	Institut National des Recherches Agricoles du Bénin
MESFTPRIJ	:	Ministère de l'Enseignement Secondaire de la Formation Technique et Professionnelle de la Reconversion et de l'Insertion des Jeunes
LERGC	:	Laboratoire d'Essais et de Recherches en Génie Civil
SONEB	:	Société Nationale des Eaux du Bénin
UEMOA	:	Union économique et monétaire Ouest Africaine
USDA	:	United States Department of Agriculture

Notations

f_{cj} :   Résistance à la compression à j jours d'âge

f_{tj} :   Résistance à la traction à j jours d'âge

□   :   Diamètre

ρ :   Poids volumique

CPJ   :   Ciment Portland avec Ajout

G/S   :   Rapport coques sur sables

Liste des annexes

Introduction

Le secteur de la construction qui représente un puissant levier pour les politiques de développement impacte fortement l'environnement. En effet, la forte demande du béton à partir de granulats de poids normal comme le gravier et les roches concassées dans la construction réduit considérablement les gisements de pierres naturelles, ce qui endommage l'environnement provoquant ainsi un déséquilibre écologique [1]. Cet état de chose inquiète à plus d'un titre et va fondamentalement contre l'atteinte des Objectifs du Millénaire pour le Développement (OMD) dont le chapitre sept précise : « d'Assurer un environnement durable à toute la population mondiale ». La cible N°1 de ce chapitre prévoit « d'intégrer les principes du développement durable dans les politiques et les programmes nationaux et d'inverser la tendance actuelle à la déperdition des ressources naturelles ». Ceci implique donc une rationalisation dans l'utilisation des ressources naturelles une idée qui va fondamentalement contre le besoin sans cesse croissant des populations à un logement adéquat et décent. Ainsi, une piste pour minimiser les impacts du bâtiment sur l'environnement, est de chercher et développer l'utilisation de matériaux qui sont renouvelables, disponibles localement et qui produisent un minimum de pollution.

Parallèlement, le Bénin comme bon nombre des pays du tiers monde, a son économie essentiellement basée sur le secteur agricole. Ce secteur primaire contribue en moyenne pour 36% à la formation du PIB (produit intérieur brut), 88% aux recettes d'exportation et occupe plus de 70% de la population active. (INSAE, 2012). Plusieurs cultures sont pratiquées parmi lesquelles figure en bonne place celle du palmier à huile. Il est essentiellement cultivé dans le Sud-Bénin qui répond plus ou moins à ses exigences écologiques et son importance socio-économique n'est plus à démontrer tant au niveau local, national qu'international. Il est notamment cultivé pour ses fruits dont on extrait des huiles à usage alimentaire et industriel. Plusieurs plans de développement ont consacré d'importants financements pour la relance de cette filière non seulement parce qu'elle ne contribue que pour 43% à la satisfaction des besoins en corps gras d'origine végétale au Bénin mais devrait également profiter du marché de l'UEMOA que les autres pays producteurs du palmier de la sous-région n'ont pas encore satisfait et dont la demande en huile de palme serait de 250.000 tonnes en l'an 2020 [2]. Par ailleurs, l'exploitation de palmier à huile génère plusieurs déchets parmi lesquels figurent les coques de noix de palmistes. Ces résidus d'exploitation, non putrescibles, font 7 à 8 % du poids du régime et sont donc générés en quantité importante (1200 tonnes par mois) [3]. Traditionnellement, les coques de noix de palmistes sont utilisées en partie pour la combustion. Mais une grande proportion demeure non utilisée.

De plus le revenu très faible des populations ainsi que le budget très modeste des collectivités locales sont des handicaps à l'essor de l'industrie de la construction. Ces populations sont alors contraintes à abriter des habitations précaires exposant ainsi leur vie aux infections, pollutions et intempéries de tout genre. L'accès au logement décent garantissant le minimum de confort et de sécurité devient alors quasi impossible au vue du coût de revient des granulats classiques comme le gravier.

La valorisation des résidus qui est un concept largement partagé de nos jours s'avère alors nécessaire pour ces coques à travers leur utilisation dans le béton. Au Bénin plusieurs études antérieures se sont intéressés à la question notamment celles de ACCALOGOUN [4] et AVLESSI [5] qui ont conclu sur la possibilité d'utiliser les coques en remplacement du gravier roulé ou concassé respectivement dans le béton hydraulique et bitumineux. A la suite de ces derniers nous avons effectué une étude sur les coques en 2012 qui nous a permis de conclure que les coques de noix de palmistes sont moyennement compatibles avec le ciment et nous a permis d'expérimenter une méthode de formulation notamment celle de Dreux relative aux bétons de granulats légers. Les résultats obtenus sont loin d'être satisfaisant d'où la nécessité de poursuivre les études sur ce matériau en vue de proposer une méthode de formulation permettant d'obtenir les meilleures performances mécaniques de ce matériau.

1. Contexte de l'étude

Le secteur de la construction est fortement tributaire des matériaux conventionnels tels que le ciment, le gravier et le sable pour la production du béton. La forte croissance du coût de ces matériaux entrave considérablement le développement du logement et autres infrastructures dans les « pays en voie de développement ». Il s'impose donc la nécessité de faire recours à de nouveaux matériaux moins couteux, disponibles localement et pouvant répondre efficacement aux besoins de la population.

D'ailleurs, la valorisation des matériaux locaux peu ou pas exploités, dans la construction est devenue actuellement une solution nécessaire aux problèmes économiques des pays notamment des pays en voie de développement [1]. C'est alors que de nouveaux axes de recherches sont explorés pour proposer des bétons composites (à base de fibres végétales, de résidus agricoles, d'argile ou du bois) capables de résoudre les problèmes économiques, techniques et environnementaux rencontrés dans le domaine de la construction.

Parmi ces résidus, figurent les coques de noix de palmistes qui sont des dérivées du palmier à huile (élaeis guinéensis), un arbre ayant une valeur économique appréciable, originaire de l'Afrique Occidentale et répandue partout dans les tropiques. Depuis plusieurs années ces coques sont incorporées dans le béton dans lequel ils remplacent partiellement ou totalement les gros agrégats.

2. Justification

Dans le contexte défini dans les paragraphes précédents, le secteur de la construction se trouve aujourd'hui dans l'obligation, de proposer de nouvelles solutions de conception des bâtiments. Dans le domaine des matériaux, le choix doit se faire en fonction de l'usage visé, et des propriétés recherchées, tout en prenant en compte les contraintes d'impacts environnemental et sanitaire. De ce fait on retrouve de nos jours un intérêt dans l'utilisation de matériaux issus de la biomasse végétale (les fibres végétales comme la paille, le lin, le chanvre et les déchets agricoles comme les coques de noix de palmistes, les balles de riz, les gousses de mil,) qui sont renouvelables, recyclables et durables

De plus, certains de ces déchets solides pourraient être utilisés pour avoir des bétons légers qui permettent une plus grande souplesse quant à la conception des ouvrages et induisent plusieurs économies dans la construction.

La valorisation des résidus comme les coques de noix de palmistes dans la formulation du béton présente des avantages d'ordres économique et environnemental pour les acteurs du génie civil. Il s'impose alors la nécessité de mener des études approfondies afin de leur garantir une performance mécanique comparable à celle du béton traditionnel.

Plusieurs chercheurs ont étudié les caractéristiques de ce béton notamment la résistance à la compression à la traction et le module d'élasticité. On peut citer les travaux de Mannan et al de teo et al de ACCALOGOUN. Une question demeure : celle de l'identification d'une méthode de formulation permettant d'obtenir de bonnes caractéristiques mécaniques. Dans la présente étude nous nous proposons d'étudier les propriétés d'usage du béton de Coques de Noix de Palmistes et d'apprécier la méthode de formulation basée sur les volumes absolus.

3. Objectifs

✱ Objectif général

L'objectif général visé à travers cette étude est de proposer un éco-matériau permettant de valoriser les résidus de coques de noix de palmistes.

✱ Objectifs spécifiques

De façon spécifiques il s'agit de :

◆ déterminer les caractéristiques physiques des coques de noix de palmistes;

◆ proposer une formulation pour le Béton de coques de noix de palmistes ;

◆ étudier le comportement mécanique du composite en fonction de différents paramètres (dosage, consistance, granulométrie)

◆ évaluer l'incidence de l'utilisation des coques de noix de palmistes dans l'industrie de la construction.

4. Résultats attendus

Les résultats attendus de ce travail sont:

1) caractérisation physique (Courbe granulométrique, Los Angeles), masse volumique réelle, surface spécifique)

2) formulation du béton léger de coques de noix de palmistes ;

3) propriétés du béton frais et durci (consistance, ségrégation, retrait, résistance à la compression, résistance à la flexion,

Chapitre 1. Généralités et synthèse bibliographique

A l'amont de toute recherche scientifique, il est primordial de réunir les éléments théoriques nécessaires à aborder précisément l'objet de l'étude afin d'obtenir les résultats visés. Le chapitre courant présente, à ce titre, une synthèse des travaux expérimentaux menés par différents auteurs sur les bétons légers, en particulier ceux de granulats légers de coques de noix de palmistes.

1.1. Propriétés des bétons légers

1.1.1. Généralités

Le béton est un matériau composite obtenu en mélangeant à des proportions convenables et de manière homogène du ciment, des granulats et de l'eau, avec éventuellement d'adjuvants et d'additions. on fait généralement la distinction entre trois types de bétons : les bétons ordinaires, les bétons lourds et les bétons légers. [6]

- Les bétons ordinaires ont en moyenne une masse volumique voisine de 2300kg/m^3 et sont constitués de granulats courants. La norme française NF EN 206-01 les définit comme des bétons ayant une masse volumique après séchage à l'étuve comprise entre 2000 et 2600kg/m^3.

- Les bétons lourds ont leur masse volumique supérieure à 3000kg/m^3. Ils sont réalisés à base de granulats spéciaux de densité élevée tels que la barytine, la magnétite, l'hématite, le plomb. Leurs applications sont principalement orientées vers la réalisation d'ouvrages de protection contre les radiations (rayons X, gamma et autres rayons radioactifs) ou la réalisation de culées et de contrepoids [6].

- Les bétons légers ont une masse volumique est généralement comprise entre 300 et 1800kg/m^3 [7]. La norme EN 206-01 (2004) les définit comme ayant une masse volumique après séchage à l'étuve comprise entre 800kg/m^3 et 2000kg/m^3. La fabrication des bétons légers part du principe que la masse volumique du béton peut être diminuée en introduisant dans le matériau des poches d'air. Trois types de bétons légers sont classiquement distingués selon la façon dont l'air est introduit dans le béton. Lorsque l'air est incorporé dans la pâte de ciment, le béton est qualifié de «béton cellulaire »; lorsqu'il vient remplacer les granulats fins entre les gros granulats, le béton est qualifié de «béton sans fines »ou «béton caverneux »; et enfin lorsque les granulats sont eux-mêmes allégés, le béton est alors qualifié de «béton de granulats légers ». (Figure1.1). Il est également possible d'effectuer des combinaisons comme un béton léger de type caverneux fabriqué en utilisant des granulats légers [8]

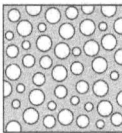

Béton cellulaire   Béton caverneux   Béton de granulats légers

Figure 1.1 : Représentation schématique des différents types de béton léger [1]

1.1.2. Classifications des bétons légers

1.2.1.1. Classification des bétons légers d'après leur technique de fabrication

1.2.1.1.1. Les bétons de granulats légers

La fabrication des bétons de granulats légers requiert l'usage d'agrégats d'une masse volumique très faible relativement à celle des granulats usuels. Le caractère léger de ces granulats se justifie essentiellement par leur structure poreuse. On retrouve certains sous la forme de roches à l'état naturel (ponce, perlite, vermiculite, tuf, mâchefer, etc.), mais la majorité de ceux qui sont utilisés de nos jours est manufacturée à partir de matières premières naturelles telles que l'argile, le schiste, l'ardoise, le pétrole ou de sous-produits industriels comme les laitiers, les cendres volantes, etc. [8]. Cette pluralité des granulats légers permet alors une grande diversité de compositions et de mélanges possibles et par conséquent une grande variété de bétons de granulats légers. Contrairement aux deux autres types de bétons légers, ce sont les granulats mêmes qui contiennent assez de pores, ce qui les rend moins denses. Les granulats légers sont d'origine aussi bien naturelle qu'artificielle et sont utilisés dans la confection des bétons pour lesquels la densité peut varier de 0.5 à 2. La résistance en compression de ces bétons est d'autant plus faible que la densité est moins élevée. Elle n'est que de 2 à 5 MPa pour les bétons de vermiculite de densité 0,5 en moyenne mais elle peut atteindre 40 MPa pour les bétons d'argile ou de schiste expansé de densité 1.7 à 1.9 réalisé avec des granulats légers de bonne qualité.

Ces types de bétons pourront donc être utilisés pour la construction de structures résistantes (poutres, dalles, poteaux ...) mais aussi pour la fabrication d'agglomérés, pour des bétons banchés non porteurs ou faiblement chargé et pour des bétons isolants, l'isolation étant d'autant meilleure que la densité est faible.

Mais les études et les recherches auxquelles a conduit l'essor actuel des bétons légers permet d'améliorer progressivement la qualité des granulats légers (densité plus faible, résistance intrinsèque accrue, porosité ouverte diminuée...) et l'on peut maintenant réaliser entièrement en béton léger des ouvrages tels que les bâtiments de grandes hauteurs pour lesquels le gain de poids est particulièrement intéressant, des couvertures en voiles très mince, des ponts en béton armé et même en béton précontraint.

1.2.1.1.2. Le béton caverneux

Le béton caverneux est un béton dont la formulation va dans le sens d'une suppression totale des éléments fins (le sable) : il ne compte que du ciment, de l'eau et de gros granulats et dans une certaine mesure une très faible proportion de sable. [9]

Neville (1996) a montré que la suppression des éléments fins crée à l'intérieur du béton, de larges cavités, ce qui provoque une diminution de la masse volumique et une chute de résistance à la compression. Dans la réalité, pour un béton ne contenant pas de sable il se produit une agglomération de gros granulats dont les particules sont recouvertes par un film de pâte de ciment d'une épaisseur allant de 1 à 3mm [10]. Le béton devient dès lors poreux. Dans ces conditions, on peut enregistrer des masses volumiques de l'ordre de 1600 à 1800kg/m3 pour des résistances à la compression allant de 3 à 7MPa à 28 jours, et ce, même en utilisant des granulats conventionnels [11]. Les bétons caverneux sont fabriqués avec un minimum d'eau pour éviter le lavage de la pâte de ciment sur les granulats. Ils présentent une forte absorption d'eau et sont utilisés comme matériaux drainant en raison de leur porosité. Ils trouvent principalement leur application dans la construction de murs porteurs de bâtiments domestiques. On utilise le béton caverneux pour exécuter des parties de bâtiments ou d'ouvrages où la résistance n'est pas spécialement recherchée : murs en béton banché, béton de remplissage. Ce béton présente l'avantage d'être économique tant sur le plan matériaux (faible dosage en ciment), sur la mise en œuvre (pas de vibration, simple piquage, par couches successives) que sur les coffrages car ces bétons poussent peu. Leur texture très ouverte en fait un matériau de bonne isolation thermique et surtout s'opposant parfaitement aux remontées d'humidité par capillarité.

Ils ont comme inconvénients leur très faible résistance et leur aspect « caverneux » qui nécessite parfois un enduit rapporté qui s'accroche évidemment très bien, et ils manquent totalement d'étanchéité.

1.2.1.1.3. Le béton cellulaire

Le béton cellulaire s'identifie à un mortier contenant une multitude de poches d'air microscopiques ou macroscopiques uniformément distribuées dans toute sa matrice cimentaire, ce qui justifie sa légèreté. La technique utilisée pour sa fabrication est très particulière et délicate par rapport aux deux types précédents. Le béton cellulaire requiert l'utilisation de quatre matériaux fondamentaux : le sable qui en particulier est un sable blanc, très pur, et contenant environ 95% ; deux liants hydrauliques : la chaux et le ciment ; un agent moussant qui peut être soit de la poudre d'aluminium ou du peroxyde d'hydrogène [7]. Ce sont les agents moussants les plus utilisés.

La technique de fabrication est née de la combinaison de deux inventions antérieures : l'autoclavage d'un mélange de sable, chaux, eau et l'émulsification des mélanges de sable, ciment, chaux et eau [7].

- L'autoclavage est attribuée à W. Michaelis qui, en 1880, mît en contact un mélange de chaux, sable et eau avec de la vapeur d'eau saturée sous haute pression pour ainsi parvenir à donner naissance à des silicates de calcium hydratés hydrorésistants.
- L'émulsification a été inventée par E. Hoffmann qui utilisât de la pierre à chaux finement broyée et de l'acide sulfurique pour émulsionner des mortiers à base de ciment et de gypse.

Le processus de fabrication demande une grande précision, des calculs de dosage précis et doit être réalisé en atelier et non pas sur le chantier. Au cours de la fabrication, le mélange est allégé en produisant de l'hydrogène gazeux qui permet le gonflement du mortier comme la levure fait gonfler la pâte à pain. Il se constitue ainsi à l'intérieur de la masse du béton, une myriade de bulles d'air emprisonnées dans des cellules qui confèrent au matériau des propriétés d'isolation thermique et acoustique. Le mélange est ensuite moulé. Après durcissement à l'air, les produits façonnés sont découpés puis passent en autoclave afin d'être stabilisés et de développer une résistance mécanique élevée.

1.2.1.2. Classification des bétons légers d'après leur résistance

Même si la résistance des bétons légers est généralement inférieure à celle du béton ordinaire, il est possible de produire aujourd'hui, des bétons légers ayant une résistance avoisinant et même surpassant celle du béton ordinaire. Les bétons légers sont classifiés en trois catégories suivant leur résistance et leur densité. On distingue les bétons légers de structure utilisés pour la fabrication d'éléments porteurs, les bétons légers de résistance modérée et les bétons de faible densité [12].

1.2.1.2.1. Les bétons légers de structure

Ils ont une résistance comparable aux bétons ordinaires tout en étant de 25 à 35% plus légers. Aujourd'hui, il est possible de fabriquer des bétons légers de structure à haute. Certaines formulations ont permis d'atteindre une résistance en compression de 70 à 100 MPa à 28 jours [13]

La conciliation de l'exigence d'une résistance relativement élevée avec celle de la réduction de la densité du béton, est obtenue par l'utilisation des ajouts minéraux et de granulats légers présentant de très bonnes qualités ainsi que l'utilisation d'adjuvants très performants. Les argiles, les schistes, les laitiers expansés, les cendres volantes frittées constituent des sources disponibles de matières premières pour la fabrication des granulats légers destinés à la confection de bétons légers structuraux [10]. Ce compromis résistance élevée – densité faible est également possible grâce à l'utilisation de certaines fibres telles que les fibres métalliques qui permettent de renforcer la matrice cimentaire, et grâce à l'emploi de ciments de classe de résistance élevée.

1.2.1.2.2. Les bétons légers de faible densité

Ce sont des bétons ayant une résistance à la compression à 28 jours inférieure à 7 MPa avec une masse volumique variant entre 300 et 800kg/m^3.

La classe des bétons légers de faible densité est constituée essentiellement des bétons cellulaires et les bétons de granulats légers. Dans ce dernier cas, le béton est fabriqué avec des granulats ultra légers et très poreux tels que la vermiculite exfoliée, la perlite expansée et le polystyrène expansé.

Les bétons légers de faible densité sont généralement utilisés pour remplir des fonctions architecturales au sein d'une construction : compte-tenu de leur résistance relativement faible, ils ne sont utilisés que pour jouer le rôle d'éléments de remplissage.

1.2.1.2.3. Les bétons légers de résistance modérée

Les bétons légers de résistance modérée sont dotés de propriétés intermédiaires. Ils développent une résistance à la compression entre 7 et 17MPa à 28 jours, pour une masse volumique comprise entre 800 et 1350kg/m^3 (Tableau 1.1). Ils peuvent être fabriqués avec des granulats légers naturels concassés, comme la pierre ponce, les tufs et autres roches d'origine volcanique (scorie), ou avec un mortier aéré. Lorsqu'ils développent une résistance avoisinant des valeurs de l'ordre de 15MPa, ils peuvent être employés pour la réalisation d'éléments structuraux faiblement chargés.

Tableau 1.1 : Classification des bétons légers selon [12]

Classification	ρ_b(kg/ m^3)	f_c(MPa)
Bétons légers de structure	1350 – 1900	> 17
Bétons légers de résistance modérée	800 – 1350	7 – 17
Bétons de faible densité	300 – 800	< 7

1.2. Présentation générale des granulats pour béton léger

1.2.1. Généralités sur les granulats

Les granulats sont des matériaux granulaires inertes qui, agglomérés par un liant constituent le squelette du béton. Le terme inerte de cette définition signifie que les granulats ne réagissent pas avec le liant et ne participent à la résistance du béton que par la compacité qu'il confère à celui-ci.

On définit généralement trois catégories de granulat: les granulats courants, les granulats lourds et les granulats légers.

1.2.1.1. Les granulats courants

Les granulats dits courants sont ceux que l'on utilise dans le béton d'utilisation courante. Ils sont obtenus en exploitant des gisements de sable et de gravier d'origines diverses (alluvionnaire, terrestre, marine) ou en concassant des roches massives (calcaires ou éruptives). Selon leur origine, on distingue les granulats roulés, extraits de ballastières naturelles ou de dragués en rivières ou en mer, et les granulats concassés obtenus à partir de roches exploitées en carrière. Leur masse volumique absolue avoisine en générale 2700 kg/m³. [11]

Les granulats courants proviennent de plusieurs roches. Nous pouvons citer entre autre [11]:Les silex calcaires durs, silico-calcaires, le basalte, les quartzites, le grès

1.2.1.2. Les granulats lourds

Ils sont essentiellement employés pour la confection des bétons lourds utilisés pour la construction d'ouvrages nécessitant une protection biologique contre les rayonnements produits par exemple dans les accélérateurs et piles atomiques : la protection est d'autant plus efficace que l'épaisseur est plus grande et la densité du béton plus élevée [11].

1.2.1.3. Les granulats légers

D'après la norme EN-206-1, un granulat léger est un granulat ayant après séchage à l'étuve, une masse volumique inférieure à 2000 kg/m³ déterminée selon l'EN 1097-6, ou une masse volumique en vrac inférieure à 1200 kg/m³, déterminée selon l'EN 1097-3.

Les granulats légers sont caractérisés par une structure poreuse, ce qui explique leur légèreté. Ils sont utilisés pour la confection des bétons légers. Ils proviennent généralement d'une roche mère qui par nature a une densité faible ou sont plutôt le produit d'un procédé d'expansion, de frittage ou de traitement chimique.

1.2.2. Classification des granulats légers

On peut distinguer essentiellement deux types de granulats légers selon leur origine naturelle ou artificielle [8].

1.2.2.1.   Granulats légers naturels

Certaines roches, ont à l'état naturel des densités faibles (inférieures à 2) ; en les concassant, on obtient donc des granulats légers. Parmi les granulats d'origine minérale naturellement poreux, les plus fréquemment rencontrés sont les ponces ou les roches sédimentaires comme les calcaires. Ils sont extraits de gisements et directement utilisables dans les matériaux de construction. Les photos 1-1, 1-2 et 1-3 présentent quelques exemples de granulats naturels : le laitier volcanique [14] la pierre ponce [8], et la diatomite [15]

Photo 1-1 : Laitier volcanique **[14]**

Photo 1-2 : la pierre ponce **[8]**

Photo 1-3 : Diatomite **[15]**

Les autres granulats naturellement poreux sont d'origine végétale. Il s'agit pour la plupart des déchets organiques qui trouvent dans la construction un moyen de valorisation. On peut ainsi citer le bois, la tige de maïs, la coque de noix de coco les coques de noix de palmistes etc. [16]. Ces granulats contiennent de nombreux capillaires, entraînant une porosité élevée. Cependant, ils contiennent également des matières organiques à base de cellulose qui les rendent réactifs vis à vis de certains constituants présents dans les liants hydrauliques. Un traitement préalable est parfois indispensable afin de les rendre inertes. Trois méthodes sont employées [17]:

- les traitements physiques: les composés organiques (type hémi-cellulose) contenus dans le granulat sont isolés du milieu extérieur, soit en imprégnant le granulat de résine ou de paraffine (imprégnation à cœur), soit en enrobant la particule. Les fibres de celluloses peuvent également être détruites par un sel de calcium d'un acide fort, créant d'innombrables microcavités dans le granulat.
- les traitements thermiques: ils détruisent les constituants cellulosiques à une température de l'ordre de 280°C et limitent en même temps l'hygroscopie du granulat.
- les traitements chimiques: ils remplacent les groupes hydroxyl (-OH) par des groupements hydrophobes dans le même but que les traitements thermiques.

1.2.2.2. Granulats artificiels

Les granulats légers peuvent être également produits artificiellement, soit à partir de matières premières naturelles comme l'argile, le schiste, l'ardoise, ou des matières spéciales dans certaines régions, comme la vase à Taiwan et NYT (Neapolitan Yellow Tuff) en Italie; soit à partir de sous-produits industriels comme les laitiers, les cendres volantes frittées ou encore l'EPS (Polystyrène Expansé) [8] .

Photo 1-5 : Argile expansée **[8]**

Photo 1-4 : Schiste expansé **[8]**

Photo 1-7 : Cendre volante **[8]**

Photo 1-6 : Laitier expansé **[8]**

Les granulats légers artificiels fabriqués à partir de matières premières naturelles sont produits en formant tout d'abord une pâte dense par mélange d'une poudre avec de l'eau. Cette pâte est ensuite fractionnée en petits agrégats de quelques millimètres de taille, puis passée dans un four à très haute température (1000°C à 1250°C environ), L'expansion de l'eau et la vitrification du minéral aboutissent à la formation de granulats plus ou moins sphériques, constitués d'une coque renfermant des bulles gazeuses dispersées dans une matrice. En jouant sur la marche des fours, on favorise plus ou moins l'expansion. Il apparaît alors une corrélation entre la taille

18

moyenne des grains et leur densité absolue, les plus gros étant les moins denses.

1.2.2.3. Les granulats légers recyclés

Lorsqu'ils sont recyclés, certains matériaux légers peuvent représenter une excellente source de granulats légers compte tenu du rejet quotidien d'une quantité importante des produits de consommation. Il existe ainsi plusieurs types de matériaux recyclés. [10]

Contant (2000) a introduit dans le béton, des fibres de caoutchouc déchiqueté en particules de différentes dimensions, et ce, en vue de parvenir à un allègement du béton. Ghernouti & Rabehi (2009) ont également entrepris une étude sur la récupération et la valorisation de déchets plastiques dans le domaine de la construction. Concrètement, ils ont utilisé des granulats plastiques issus du concassage de déchets en plastiques usagés et rejeté dans la nature. L'utilisation des copeaux de bois provenant des déchets de la menuiserie, en tant que granulats légers a constitué l'objet des travaux de) [18] qui ont étudié la possibilité d'un allègement des bétons de sables par ajout de ces fibres au béton.

1.2.3. Propriétés physiques des bétons de granulats légers

1.2.3.1. Ouvrabilité et murissement

L'ouvrabilité est la capacité de mise en œuvre du béton frais c'est-à-dire son aptitude à remplir les coffrages et à enrober convenablement les armatures. Cette qualité est caractérisée par la plasticité et la maniabilité du béton frais. [19]

Les bétons de granulats légers présentent en général une meilleure ouvrabilité que les bétons classiques. Mais on peut cependant obtenir une mise en œuvre relativement facile en étudiant la composition la mieux adaptée (finesse et dosage du sable en particulier) ainsi que le dosage en eau et en employant éventuellement un adjuvant ; l'emploi d'un plastifiant donnant en même temps une bonne cohésion est souhaitable. [11]

La grande capacité d'absorption des granulats légers a une influence importante sur la maniabilité, la résistance et le mûrissement du béton. Cette influence dépend de l'état du granulat utilisé : saturé et séché en surface ou bien sec.

Pour les granulats légers saturés séchés en surface, on n'observe pratiquement aucune influence sur la maniabilité. L'eau absorbée n'est par conséquent pas à prendre en compte dans le rapport eau/ciment du béton. Par ailleurs, lorsque l'hydratation du ciment fait chuter l'humidité relative dans les pores capillaires de la pâte de ciment durci, l'eau présente dans les granulats migre vers ces capillaires, rendant possible une hydratation supplémentaire. Cette situation pourrait être désignée par l'expression «mûrissement humide interne», ce qui fait que les bétons de granulats légers sont moins sensibles à un mûrissement humide incorrect que les bétons ordinaires. [20]

En revanche, dans le cas de granulats utilisés secs, l'absorption d'eau des granulats diminue la maniabilité. De plus, si le béton est vibré avant que l'absorption par les granulats légers secs ne soit terminée, des vides dus à la dessiccation se développent et, à moins que le béton ne soit revibré, sa résistance sera moins élevée [9]

1.2.3.2. Masse volumique des bétons légers

Trois masses volumiques différentes peuvent être définies: la masse volumique à l'état frais, la masse volumique à l'état séché à l'air et la masse volumique à l'état séché au four. [8]

La masse volumique du béton fraîchement malaxé peut facilement être déterminée comme la masse volumique à l'état frais. Cependant, au cours du séchage à l'air ambiant, l'humidité est perdue jusqu'à l'obtention d'un quasi-équilibre : le béton a alors une masse volumique à l'état séché à l'air. Si le béton est séché à 105°C, il a atteint la masse volumique à l'état séché au four. Des différences semblables se retrouvent également dans le cas des bétons ordinaires, mais les différences entre les trois masses volumiques sont plus grandes dans le cas d'un béton léger, du fait de l'importance de la quantité d'eau contenue dans le béton léger frais et de ses variations lors du durcissement et de la vie de l'ouvrage.

La masse volumique à l'état séché à l'étuve peut être prise égale en première approximation à la masse volumique sèche. Des recherches nord-américaines montrent en effet que, quelle que soit l'humidité initiale dans les granulats, la masse volumique à l'état séché à l'air est de 50 kg/m^3 supérieure à la masse volumique à l'état séché à l'étuve [12]. D'après Arnould et Virlogeux la prise de poids d'un béton léger immergé ne dépasse pas 40 kg/m^3 et est de 30 kg/m^3 pour un béton traditionnel. Les auteurs expliquent essentiellement ce gain de poids par le remplissage des vides du mortier, et non par la migration d'eau vers les granulats légers. En effet, les pores de surface sont en grande partie bouchés par le mortier, au moment du malaxage et en début de prise, du fait des échanges d'eau entre le mortier et les granulats légers. [21]

1.2.4. Propriétés mécaniques des bétons de granulats légers

1.2.4.1. La résistance à la compression

Les granulats légers entraînent une modification du comportement et des niveaux de performances mécaniques du béton. En effet, le granulat léger est poreux donc moins résistant qu'un granulat usuel. Le fonctionnement mécanique et le mode de rupture des bétons légers sont donc modifiés par rapport à ceux d'un matériau contenant des granulats rigides.

Si le béton contient des granulats rigides plus résistants que le mortier, ceux-ci constituent les points durs du système. Les contraintes imposées au matériau, entraînent des déformations notables dans le liant et négligeables dans le granulat. Des zones de concentrations de contraintes naissent donc dans le mortier, qui se fissure. L'adhérence entre les granulats et le mortier étant insuffisante pour supporter les niveaux de sollicitation imposés, la fissuration du mortier se produit autour des grains qui se décollent de la pâte de ciment. La résistance du béton est donc pilotée par la résistance de la zone servant d'interface entre le mortier et le granulat rigide.

A l'inverse, dans le cas du béton léger contenant des granulats de faible résistance, les contraintes cheminent à travers la pâte, contournant les « points faibles » du matériau. Le mortier subit des niveaux de sollicitation élevés et les déformations de la pâte et des granulats sont importantes. Une fois les granulats écrasés, ils ne participent plus vraiment à la résistance du matériau et le mortier finit par céder. Ce mode de rupture est possible car les granulats légers possèdent une surface poreuse importante qui crée une excellente adhérence entre la pâte et le grain. Ce n'est donc pas la liaison au niveau de la surface de contact qui est détruite comme dans le cas de granulats rigides mais le granulat qui cède.

Une nuance existe cependant dans le cas de granulats très déformables même si leur résistance reste modérée. En effet, sous l'effet des contraintes, le mortier va se déformer et le granulat va faire de même par contact granulat-mortier. Comme le granulat peut supporter des niveaux de déformation supérieurs à ceux du mortier, c'est ce dernier qui va fissurer sous l'effet des contraintes et le granulat, n'ayant pas atteint son seuil de rupture, ne sera pas détruit. La rupture du béton se fait dans ce cas précis par rupture du mortier et non par rupture des granulats. Ainsi, les caractéristiques des granulats sont déterminantes dans les performances des bétons légers.

Les niveaux de performances des bétons légers sont inférieurs à ceux des matériaux usuels de construction, puisque les granulats légers possèdent une porosité propre, qui les rend déformables. D'une manière générale, la résistance en compression à 28 jours et le module d'élasticité E augmentent lorsque la porosité des granulats diminue. Des campagnes expérimentales ont mis en relation les performances mécaniques et masse volumique ρ des bétons légers. Dans le cas de granulats d'argile expansée de type Liapor, ARNOULD [21] a obtenu une relation linéaire entre la résistance en compression et la masse volumique (Fig.1.2)

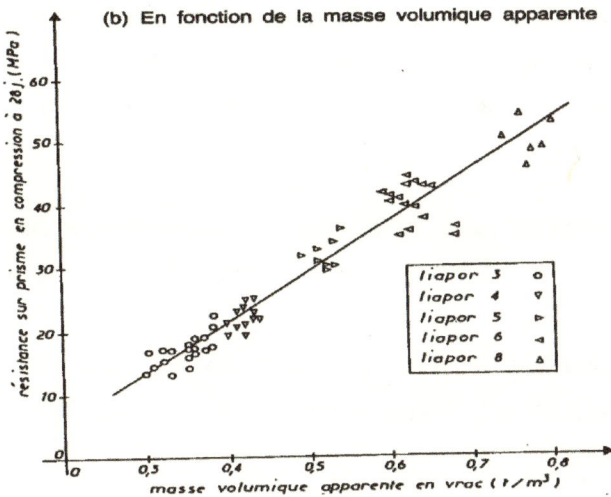

Figure 1.2 : Résistance sur prisme en compression à 28 jours (MPa)
en fonction de ρ [21]

23

Le module d'Young d'un béton léger est évidemment inférieur à celui du béton traditionnel en raison de sa faible masse volumique. Généralement, le module d'Young d'un béton léger est considéré comme valant ½ à ¾ de celui d'un béton traditionnel de même résistance. Une plus faible rigidité peut être parfois souhaitable pour les structures soumises à une sollicitation dynamique (impact) ou pour des structures en coques [12].Un faible module d'Young peut néanmoins être à l'origine de désordres dans les structures en béton précontraint suite à une relaxation des câbles de précontrainte et à la chute de tension qui en découle.

Le béton léger a un module d'Young moins élevé qu'un béton classique car les modules des granulats légers sont plus faibles que les modules des granulats de densité normale. Les propriétés élastiques des granulats ont une influence prépondérante sur le module d'Young du béton. Comme les propriétés élastiques du granulat sont liées à leur indice de vide et donc à leur densité, le module d'Young du béton léger dépend non seulement de la résistance en compression, mais aussi de la masse volumique du béton [9].

Les normes proposent différentes relations empiriques pour évaluer les modules élastiques des bétons légers, en fonction de leur masse volumique et de leur résistance à la compression. Le module d'Young du granulat étant rarement connu, les formules tiennent compte du module au moyen d'un coefficient fonction de la masse volumique du béton. Il n'y a pas consensus sur ces relations.

Ainsi la relation de l'Eurocode EN 1922-1-1 préconise :

$$E_c = 22000 \left(\frac{f_{cm}}{10} \right)^{0.3} \cdot \left(\frac{\rho_{bs}}{2200} \right)^{2}$$

24

où E_c est le module d'Young du béton en MPa (module sécant entre $\sigma_c = 0$ et $0.4f_{cm}$ et ρ_{bs} la masse volumique sèche du béton en kg/m³.

La norme ACI propose la relation ci-dessous [12]:

$$E_c = 0.43\rho_{bs}^{1.5}\sqrt[3]{f_{ck}}$$

f_{ck} est la résistance caractéristique

Cette dernière équation est considérée comme valable pour des valeurs de masse volumique comprises entre 1440 et 2480 kg/m³, et des valeurs de résistance à la compression comprise entre 21 et 35 MPa. Le module d'Young réel peut s'écarter jusqu'à 20% de la valeur calculée.

Le module d'Young des granulats légers pouvant varier entre 4 GPa et 30 GPa, il est alors difficile d'estimer précisément le module d'Young du béton sans tenir compte de la proportion de granulats et de leur nature. Haque et al. soulignent de même la nécessité de distinguer un béton contenant du sable de densité normale d'un béton où le sable est lui aussi composé de granulats légers [22]. Lier le calcul du module à la résistance en compression peut aussi être source d'erreur comme l'a montré le paragraphe 1.2.3.1. . Selon les répartitions de contraintes entre matrice et granulat, la rupture peut être initiée dans la pâte et la résistance des bétons de granulats légers est alors indépendante du volume de granulat. Ainsi à résistances égales, les modules des bétons légers peuvent être très différents selon la valeur de leur fraction volumique.

1.2.5. Propriétés thermiques des bétons de granulats légers

L'une des propriétés intéressantes des bétons de granulats légers est leur pouvoir d'isolation thermique due aux nombreuses bulles d'air interposées dans l'épaisseur du béton de granulats. Ce pouvoir d'isolation est caractérisé par le coefficient de conductivité thermique. La conduction thermique λ est le flux de chaleur par mètre carré, traversant un matériau d'un mètre d'épaisseur pour une différence de température d'un degré entre ses deux faces. Cette propagation d'énergie se produit dans un solide par agitation des molécules constitutives du matériau. La conductivité thermique λ est donc une grandeur intrinsèque du matériau, qui dépend uniquement de ses constituants et de sa microstructure.

Un béton usuel à base de granulats rigides, contient de l'air, dû à l'arrangement de la phase solide (squelette granulaire) et à la prise de liant. Or, l'air immobile conduit faiblement la chaleur. Les bétons à base de granulats légers ont donc été développés, car ils permettent d'augmenter la proportion volumique d'air dans le matériau (i.e. la porosité), en ajoutant l'air intra-particule (i.e. du granulat). A titre comparatif, un béton hydraulique (ρ = 2300 kg/m3) a une conductivité thermique de 2,0 W/(m.K) tandis qu'un béton d'argile expansé (ρ = 1600 kg/m3) a une conductivité thermique de 0,60 W/(m.K).

La corrélation entre la masse et le coefficient de conductivité se traduit par des performances en matière d'isolation thermique, d'autant plus sensibles que la densité diminue.

1.3. Les granulats de coques de noix de palmistes

1.3.1. Obtention des coques de noix de palmistes

Les coques sont des résidus d'exploitation des noix de palme. Après la récolte, on procède à la cuisson des régimes (stérilisation), à l'égrappage, au pressage des fruits. On obtient ainsi après décantation l'huile de palme brute. Il ressort également de ce processus deux produits : les fibres, qui sont des résidus de la pulpe et la noix de palmistes. Cette dernière est ensuite cassée (à l'aide d'une machine artisanale ou de façon industrielle) puis on procède à la séparation de l'amande pour servir à la production de l'huile palmiste.

Photo 1-9 : machine écrasant les noix de palmistes

Photo 1-8 : mode traditionnel de séparation des coques et de l'amande de la noix de palmistes

Le résidu ainsi obtenu est un mélange de coques, de pulpes et tous les autres déchets provenant de l'exploitation de l'huile de palme. On procède alors à l'époussetage du mélange obtenu et au triage à l'aide d'un grillage. Le résidu ainsi obtenu est ensuite passé au travers d'un tamis pour séparer les coques mêmes de tous les autres déchets y compris les éventuelles pulpes restantes

Photo 1-11 : Coques de noix de palmistes débarrassées de tous déchets

Photo 1-10 : déchets obtenus après tamisage

1.3.2. Usage endogène des coques de noix de palmistes dans le bâtiment.

Depuis quelques années déjà, le monde rural a commencé par expérimenter l'utilisation des coques de noix de palmistes en replacement partiel ou total du gravier dans le béton. Cette pratique est fréquente dans les zones productrices du palmier à huile. Le béton ainsi obtenu est utilisé aussi bien dans les éléments de structures (poteaux, dalles de compression) et beaucoup plus dans ceux de raidissement (chainages horizontales et verticales).

Photo 1-13 : Chainage vertical en béton de coques de noix de palmiste pour un Bâtiment R+1

Photo 1-12 : Détails indiquant la présence des coques de noix de palmistes

1.3.3. Travaux antérieurs sur les coques de noix de palmistes

Les coques de noix de palmistes possèdent des caractéristiques de dureté comme les agrégats grossiers et il y a eu des tentatives par Okafor [23], Okpala [24] et Basri et al., [25] de les utiliser comme agrégats grossiers pour remplacer les agrégats de granite normaux traditionnellement utilisés pour la production de béton. Ata et al, [26] ont comparé les propriétés mécaniques du béton de coques de noix de palmistes avec celles du béton

28

de coques de noix de coco et a signalé l'économie faite de par l'utilisation des coques de noix de palmistes comme agrégat léger.

ACCALOGOUN [4] a étudié les caractéristiques physico-chimiques de ce type de béton. De ces résultats il ressort que le ciment ne pourra pas altérer les coques au fil des années au niveau du béton ligneux et que de la même manière la présence en traces des composées alcalino-terreux dans les coques limite la formation de composés chimiques pouvant en retour attaquer le ciment ; en conséquence ciment et coques ne s'altèrent pas l'un et l'autre. Les différents essais de résistance effectués sur des éprouvettes de bétons réalisées après une étude de formulation ont permis d'aboutir aux conclusions suivantes :Le béton de coques est un béton léger, 23% moins lourd que le béton normal, très maniable et dont l'utilisation pourrait résoudre des problèmes environnementaux et contribuer à réaliser des habitats à moindre coût. Il a par ailleurs remarqué que ce béton a une résistance plus faible que celle du béton classique (entre 6 et 11 Mpa selon le dosage en ciment et le mode cure) mais cet aspect ne constitue pas un handicap parce que le béton de coques peut être adapté à des cas spécifiques de construction.

Peter NDOKE [27] s'est penché sur l'utilisation des coques de noix de palmistes comme agrégats grossiers dans les couches de liaison de la route en mettant l'accent sur la résistance du béton d'asphalte telle que donnée par l'essai Marshall. Il a procédé en effet à un remplacement partiel et graduel des gros agrégats par les coques de noix de palmiste. Il a été observé que les coques de noix de palmistes peuvent être utilisées pour remplacer les gros granulats jusqu'à 30% avant que des réductions drastiques ne deviennent perceptibles. Il est donc recommandé que, pour des routes à forte circulation, une substitution de coques de palme jusqu'à 10% peut être utilisé pendant le même remplacement à 100% est possible pour les routes à faible circulation dans les milieux ruraux.

AVLESSI Bernard [5] a montré que les bétons bitumineux à "granulats" de coques d'amande palmistes sont aussi bien utilisables pour les chaussées à fort trafic que pour celles à faible trafic. Il obtient ainsi un enrobé drainant avec des résistances mécaniques acceptables et à moindre coût. Le caractère léger des coques d'amande palmistes favorise également les petits producteurs car avec un ratio de 166 m^3/km, on obtient le revêtement d'une chaussée bitumée d'emprise 7m avec une stabilité Marshall supérieure à 950 kilogrammes.

Teo et al. [28]ont effectué des tests sur des poutres de coques de noix de palmistes renforcées pour étudier leur comportement en flexion. Les moments ultimes expérimentaux sont de l'ordre de 4% à 35% plus élevés par rapport aux moments prévus. De même, les poutres en béton de coques ont montré un bon comportement à la ductilité. Toutes les poutres exposent une déflexion considérable, ce qui constitue un avertissement suffisant à l'imminence de l'échec. Les largeurs de fissures à des charges de service variaient entre 0,22 mm à 0,27 mm, tranche admissible selon la norme BS 8110 pour des exigences de durabilité.

U.Johnson Alengaram et al [29] ont procédé à la confection d'un béton de coques de noix de palmistes de résistance caractéristique égale à 30 MPa à l'aide de dix pour cent(10%) de la fumée de silice et de cinq pour cent(5%) des cendres volantes respectivement en tant que matériau d'ajout et matériau de substitution du ciment. Ils ont procédé à l'étude du comportement structurel de la poutre réalisée à base de ce béton ainsi qu'à la comparaison avec une poutre de béton courant de mêmes caractéristiques.

Il a été observé, à partir de l'étude expérimentale des poutres, que la moment maximum des poutres de coques de noix de palmistes était plus élevée que celui les poutres normales d'environ trois pour cent (3%). En outre, le mode de défaillance observée dans les poutres de coques de noix de palmistes a été ductile contrairement à l'échec cassante des poutres normales. Ainsi, les poutres de coques ont montré une rupture ductile, donnant un ample avertissement avant la rupture. Les poutres de coques ont également montré beaucoup de fissuration, la largeur de la fissure et l'espacement des fissures étant petite. Les poutres de coques affichent aussi une plus grande déformation sous charge constante jusqu'à la rupture, contrairement aux poutres normales qui ont échoué de manière cassante, sans avertissement.

MANNAN et GANAPATHY ont montré l'inadéquation des méthodes conventionnelles de formulation des bétons à la formulation des bétons de coques de noix de palmiste [30] [31]. Les résistances à 28 jours du béton de coques formulé d'après les méthodes conventionnelles sont nettement inférieures aux résistances escomptées de béton de coque. En effet pour une résistance projetée égale à 28 MPa à 28 jours, la résistance obtenue est de l'ordre 15 MPa. En faisant varier les proportions de sable, de ciment, de coques et d'eau, ils ont abouti à des formulations pour lesquelles l'essai de compression sur le béton de coques a donné des résultats acceptables de 24 MPa à 28 jours. De plus l'utilisation des cendres volantes comme ajout minéral et du chlorure de calcium comme accélérateur améliore nettement cette résistance qui pourrait atteindre 29 Mpa [32]. Les bétons ainsi obtenus sont légers et peuvent être utilisés dans les zones où les noix de palme abondent.

Payam Shafigh et al [33] ont effectué une étude dans laquelle, les coques ont été utilisées pour la production du béton léger de grande résistance. La densité le volume de vide, la maniabilité, la résistance à la compression et le pourcentage d'absorption ont été mesurés. L'effet de 5 modes de cure sur la résistance à la compression a été étudié. Les résultats montrent que, par incorporation ou non d'ajout, il est possible de produire un béton de coques dont la résistance à 28 jours est d'environ 43-48 MPa et la densité sèche 1870-1990 kg/m^3. La résistance à la compression de ce béton est sensible au défaut de cure.

Nous avions avons effectué en 2012 une étude sur le thème intitulé « la contribution à la valorisation des matériaux de proximité du sud-Bénin: cas des coques de noix de palmiste pour la confection du béton ». Dans cette la caractérisation des granulats a été faite suivant la norme européenne. La méthode de DREUX relative à la formulation des bétons de granulats légers a été exploitée pour mettre au point le béton de coques de noix de palmistes. Les résultats obtenus nous ont permis de conclure que : les coques de noix de palmistes sont des granulats légers, moyennement compatibles avec le ciment et permettant d'avoir des bétons légers de masse volumique variant entre 1400 et 1900 Kg/m^3.La résistance à la compression à 28 jours varie entre 4 et 11 MPa selon le rapport coques sur sable en volume absolu. L'étude de l'influence de la substitution partielle et progressive du gravier d'un béton courant par les coques (une substitution de 25%, 50% et 75% en masse de gravier) indique que la densité et les résistances mécaniques du béton diminuent avec l'augmentation du pourcentage de coques. A 25% de substitution en masse le béton obtenu a une résistance en compression de 10,41 MPa à 28 jours.

KOUMEBLEY, a étudié « Influence du traitements des coques de noix palmiste dans le béton ». Pour cela, il a effectué des traitements préalables sur les coques de noix de palmistes avec la soude caustique et l'eau chaude enfin de voir si celles-ci pouvaient accroitre la résistance en compression et en traction du béton de coques de palmiste, il ressort que le traitement des coques de noix de palmistes à la soude caustique donne une compatibilité de 100% et celle à l'eau chaude donne une compatibilité de 98,46%. Après avoir déterminé la compatibilité, il a élaboré un béton contenant de granulat de coque tout en faisant une substitution partielle et progressive du gravier par les coques. A l'issu de ce travail, la résistance des bétons contenant de coque 25%, 50% et 75% chute par rapport au béton témoin. A 75% de substitution, la résistance se réduit de 81% en compression et de 48% en traction par rapport au béton de référence à 28 jours.

La résistance à la compression du béton normal avec substitution partiel et progressif de gravier en coques à 25%, 50%, 75% donne respectivement 22,89 MPa, 15,3 MPa et 7,22MPa.

Chapitre 2. Présentation de la filière « palmier à huile » et

2.1. Le palmier à huile

2.1.1. Définition

Le palmier à huile d'Afrique (Elaeis guineensis) est un monocotylédone de la famille des Arécacées.

Le nom scientifique du palmier à huile, *Elaeis guineensis,* vient du grec ancien *elaia* qui signifie olive, en raison de ses fruits riches en huile. Cet élégant palmier, originaire d'Afrique intertropicale humide, est un lointain parent du cocotier.

Photo 2-1 : Le palmier à huile [3]

2.1.2. Caractéristiques botaniques

2.1.1.1. Classification

L'Elaeis comprend 2 espèces principales : la plus importante et la plus répandue est l'Elaeis guineensis. L'autre, l'Elaeis oléifera se rencontre dans le Nord de l'Amérique du Sud, en peuplements spontanés.

La classification des variétés peut se faire principalement suivant 3 caractères :

✓ **La couleur du fruit** :

- *Fruit noir avant maturité* : variété Nigrescens la plus répandue
- *Fruit vert avant maturité* : variété Virescens peu répandue

✓ **La présence ou l'absence de caroténoïdes dans la pulpe à maturité** :

- *Présence* : variété commune
- *Absence* : variété albescens

✓ **l'épaisseur des coques (le critère le plus important)**

- **le dura** : les fruits ont une coque (noyau) épaisse, peu de pulpe et une grosse amande ;
- **le pisifera** : les fruits n'ont pas de coque, beaucoup de pulpe mais une petite amande ;
- **le tenera** : les fruits ont une coque peu épaisse, beaucoup de pulpe et une grosse amande.

Les teneras ont été obtenus par croisements entre les palmiers dura et palmiers pisifera afin d'obtenir des fruits avec une pulpe épaisse (extraction d'huile de palme), une coque peu épaisse (facile à casser) et une grosse amande (extraction d'huile de palmiste).

2.1.1.2. Description

Le palmier à huile mesure 20 à 25 m de haut dans la nature, mais dans les cultures de palmeraies, les "elaeis" ne dépassent pas 15 mètres : il présente les caractéristiques suivantes [3] :

- **Les feuilles ou palmes** entourent et protègent le bourgeon végétatif. De nouvelles feuilles sont émises en continu au centre de la couronne, alors que les plus vieilles sont élaguées ou se dessèchent. Elles mesurent 6 à 9 mètres de haut et comptent plus de 300 folioles lamelliformes disposées sur plusieurs plans. La base de la feuille, ou pétiole, est bordée d'épines acérées.

- **Le stipe**, de diamètre constant et non ramifié, présente les sections losangiques des feuilles qui ont été coupées, disposées en spirales.

- **Les fleurs** sont réunies en inflorescences, les unes mâles, les autres femelles, qui apparaissent à l'aisselle de chaque palme, excepté en cas d'avortement précoce.

- **Les fruits**, très riches en huile, sont des drupes ovoïdes, charnues, réunies en « régimes » pouvant peser 1 à 60 kilos. A l'âge adulte, un régime mûr pèse en moyenne 15 à 25 kilos et porte environ 1 500 fruits.

Photo 2-2 : Régime de noix de palme **[3]**

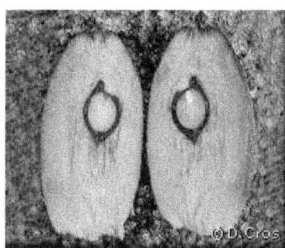

Photo 2-3 : Noix de palme divisée en deux **[3]**

Les fruits présentent une peau lisse protégeant une pulpe huileuse et fibreuse, elle-même recouvrant une **coque noire** très dure. Cette coque, percée de 3 pores germinatifs, protège une amande ovoïde pleine appelée « palmiste ». L'ensemble coque et amande constitue la graine du palmier. [3]

2.1.3. Culture du palmier à huile

Cette espèce se rencontre en Afrique tropicale: Kenya, Tanzanie, Ouganda, République démocratique du Congo, Bénin, Nigeria, Sénégal, Sierra Leone, Togo. Son foyer d'origine semble se situer le long du golfe de Guinée, où subsistent encore des palmeraies naturelles.

Elle est aussi largement cultivée dans toutes les zones tropicales du globe, notamment en Asie. Au

Les principaux producteurs sont le Nigeria, la Côte d'Ivoire, le Cameroun et la République démocratique du Congo pour l'Afrique, la Malaisie et l'Indonésie (les deux premiers producteurs mondiaux en 2008) pour l'Asie, la Colombie et l'Équateur pour l'Amérique du Sud. En Indonésie, les surfaces nouvellement consacrées au palmier à huile sont passées de 14 000 ha par an dans les années 1970 à 340 000 ha entre 2000 et 2009, selon l'USDA. Entre 1990 et 2005, les nouvelles plantations de palmiers à huile ont occupé 1,8 million d'hectares en Malaisie.

Le palmier à huile, premier fournisseur de corps gras végétal de la planète devant le soja, est cultivé pour ses deux huiles comestibles :
- **l'huile de palme rouge**, extraite de la pulpe du fruit : 18 à 26
% du poids frais de régimes,
- **l'huile de palmiste**, extraite de l'amande du fruit : 3 à 6 % du poids frais de régimes. (50 % du poids sec d'amandes de palmiste).

2.1.4. Usage du palmier à huile et de ses dérivées

L'huile de palme est utilisée :
- à 80 % pour l'alimentation humaine : margarine, matière grasse végétale de base, huile alimentaire, huile de friture et graisses spécialisées …
- pour la fabrication de dérivés à usages industriels : acides gras, savons et cosmétiques, savons industriels, encres, résines, esters méthyliques,

L'huile de palmiste fait partie des huiles lauriques, au même titre que l'huile de coco (39 à 54 % d'acide gras laurique) avec laquelle elle se partage les mêmes marchés. Les débouchés de l'huile de palmiste sont nombreux : huile de cuisson en mélange avec d'autres huiles végétales, margarine, savonnerie et cosmétique, oléochimie.

Les sous-produits des huiles de palme ont de nombreuses valorisations possibles.

- Les fibres sont brûlées dans des chaudières spéciales qui produisent de la vapeur d'eau sous pression pour la stérilisation des régimes et la fabrication de l'énergie électrique nécessaire au fonctionnement de l'usine et à l'électrification des villages l'avoisinant.

- La fermentation des effluents d'huilerie produit du gaz méthane utilisable pour le fonctionnement de groupes électrogènes ou de motopompes.

- Les rafles, riches en matière organique et éléments fertilisants, sont retournées dans les palmeraies en l'état ou après compostage, réduisant ainsi l'utilisation d'engrais chimiques dans la plantation.

- Les tourteaux de palmistes servent d'aliment pour le bétail.

En Afrique, les utilisations suivantes (entre autres) du palmier à huile expliquent le nom de "plante miracle " utilisé par les paysans :

- Les noix de palme servent à la préparation des sauces, de l'huile de palme et de palmistes ;

- la sève est utilisée pour la préparation du vin de palme et de l'alcool "sodabi " ;

- les coques de palmiste servent comme énergie dans les préparations culinaires, dans les ateliers de forge ;

- les cendres qui en résultent servent à la préparation de la potasse également utilisée en cuisine mais aussi pour la saponification dans la préparation des savons indigènes ;

- les feuilles servent à la fabrication des balais et rameaux ;

- les branches sont utilisées pour la confection des claies, des paniers ;

- le stipe (tronc), divisé, est utilisé dans la construction des toitures ;

- les racines sont utilisées dans la pharmacopée...

Le palmier à huile joue donc un rôle important dans l'économie paysanne, dans la mesure où cette culture contribue, d'une part, à satisfaire les besoins domestiques des paysans-planteurs et d'autre part, à assurer à ces derniers des revenus monétaires supplémentaires provenant de la vente d'une partie des produits dérivés du palmier à huile.

2.1.5. La filière palmier à huile au Bénin

Historiquement le palmier à huile occupe une place très importante dans l'économie du Bénin ; La culture du palmier à huile a fait l'objet d'un développement plus volontariste à partir du règne du roi Ghézo (entre 1818 et 1858) [34]. La filière palmier à huile a été la première filière d'exportation du Bénin jusqu'au début des années 1970, avant de connaître un déclin malgré les importants acquis de la recherche. Depuis lors, les quantités d'huile de palme exportées ont fortement chuté et seulement 40 % des besoins intérieurs en huile végétale sont couverts par la production nationale de noix de palme (280.000 tonnes en 2005) [35]. Cette situation est due à plusieurs facteurs dont le vieillissement des anciennes plantations, les perturbations climatiques, le caractère obsolète de la plupart des grandes unités de transformation industrielles. Par ailleurs, les Coopératives d'Aménagement Rural (CAR) et leurs Unions Régionales (URCAR) à qui incombe la responsabilité de gérer les anciennes palmeraies d'Etat, végètent dans des situations conflictuelles générant des dysfonctionnements quasi permanents, ce qui handicape toute action d'amélioration de la productivité.

En dépit de tout le palmier à huile demeure la plante oléagineuse la plus importante sur les plans économique et socioculturel pour les populations au Sud du Bénin. Le palmier naturel reste prédominant, mais on observe de plus en plus des efforts de cultures de palmier sélectionnés, lesquels desservent quelques unités de transformation semi-artisanales sous gestion privée. Les efforts de regroupement des diverses structures de base et planteurs individuels au sein d'une fédération nationale sont également autant d'initiatives à encourager.

Les mesures de revalorisation entamées (production de graines germées, installation de pépiniéristes privés et promotion des plantations villageoises) au niveau de la filière au cours de la dernière décennie ont permis de lui donner un nouvel élan et la production est passée de 130.000 tonnes en 1994 à 220.000 tonnes de noix de palme en 2002 puis à 280 000 tonnes en 2005. Toutefois, beaucoup reste à faire pour redonner au palmier à huile sa place au rang des filières compétitives du Bénin.

Il est de l'intérêt du Bénin de réorganiser cette filière non seulement pour atteindre une autosuffisance des besoins en corps gras d'origine végétale au Bénin, mais aussi pour profiter du marché de l'UEMOA que les autres pays producteurs du palmier de la sous-région n'arrive pas à couvrir et dont la demande en huile de palme serait de 250.000 tonnes en l'an 2020 [2].

Depuis 2006 l'etat béninois s'emploie à redynamiser cette filière à travers le projet de relance du secteur agricole(PRSA). Bon nombre de problèmes essentiellement d'ordre social entravent l'atteinte des objectifs fixés. Il s'agit par exemple de de la vente des palmeraies : cas de la Zone des Palmiers (ZOPA) dans la commune d'Abomey-Calavi. Cependant les efforts consentis ont un impact positif sur la production. En effet, selon les statistiques de la Direction de la Programmation et de la Prospective (DPP) du MAEP, la culture du palmier à huile est passée d'une production de 280000 tonnes de régimes en 2005 à une production de 320000 tonnes (correspondant à 187135ha de culture) en 2010 et à 388830 tonnes (correspondant à 194404 ha de culture) en 2011.

2.2. Présentation de la zone d'étude

La présente étude est effectuée dans le sud-Bénin qui correspond à la zone de production de palmier à huile au Bénin. Le palmier dit naturel, est

41

originaire du Golfe de Guinée et on le retrouve sur la frange littorale méridionale du Bénin (figure 2.1) et à l'intérieur des pays de cette région.

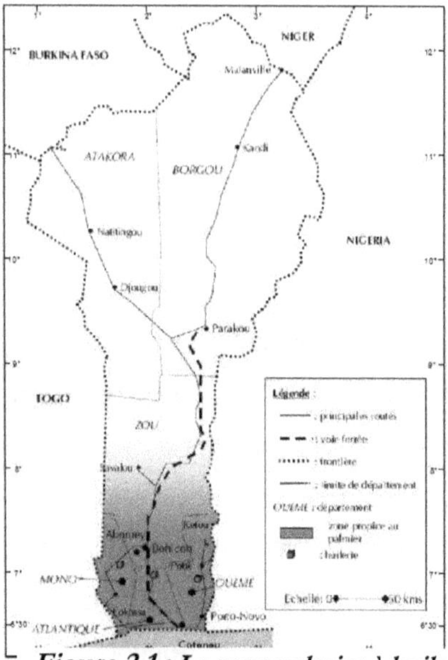

Figure 2.1 : La zone palmier à huile

2.2.1. Relief

Le relief du sud-Bénin est constitué de zones de basse altitude et de plateaux. Il comprend :

- une région côtière, basse et sablonneuse limitée par des lagunes ;
- un plateau d'argile ferrugineux ;
- un plateau silico-argileux, parsemé de quelques sous-bois

2.2.2. Climat et régime hydrique du sud-Bénin

Le sud-Bénin fait partie de la zone subéquatoriale s'étendant de la côte Atlantique à une ligne transversale passant par Savè (7°30 de latitude Nord) où la pluviométrie varie de 950 à 1 400 mm/an ; la période de croissance végétale oscille autour de 240 jours.

Un régime pluviométrique particulier marque cette zone climatique : depuis la région côtière jusqu'à Savè, la courbe des précipitations présente un aspect bimodal (Avril à Juillet et Septembre à Novembre).

2.2.3. Réseau hydrographique du sud-Bénin

Les principaux cours et plans d'eau (lacs et lagunes) sont :

- **Les cours d'eau**

Plusieurs cours d'eau traversent le sud-Bénin. Ce sont : l'Ouémé (510 km), le Couffo (190 km), le Zou (150 km), le Mono (100 km).

- **Les plans d'eau**

Les plans d'eau localisés dans le sud du pays comprennent les lacs: Nokoué (150 km^2), Ahémé (78 km^2), Toho (15 km^2), Togbadji (4 km^2). Il existe par ailleurs plusieurs petits lacs très riches en poissons: Célé (2 km^2), Azili (2 km^2), Doukon (0,2 km^2), Tikpan (0,1km^2), Dati (0,7 km^2) et les lagunes de Ouidah (40 km^2), de Porto-Novo (35 km²) et de Grand-Popo (15 km²).

2.2.4. Géomorphologie et types de sols

Au sud–Bénin, on distingue essentiellement deux (02) zones géomorphologiques :

- La zone littorale de basse altitude comprenant les cordons sableux d'âges divers, les lagunes et marécages ;
- Les plateaux de terre de barre du Continental Terminal, présentant des ondulations entre 200 et 400 m d'altitude.

Les sols du Bénin peuvent être classés en plusieurs catégories :

- les sols sableux localisés dans le littoral et peu fertiles ;

- les sols alluviaux et vertisols localisés dans les vallées (Mono, Niger, Couffo, Ouémé), dans la dépression de la Lamas, riches en argile, humus et éléments minéraux ;

Chapitre 3. Matériaux, Matériels et Méthodes

Introduction

La revue bibliographique a permis de se rendre compte des énormes possibilités qui existent dans l'élaboration des bétons légers contenant des coques de noix de palmistes.

Dans le présent chapitre, on se propose de mettre au point des bétons légers contenant des coques de noix de palmistes. On présentera dans un premier temps, les matériaux et les matériels utilisés pour l'élaboration des bétons. Suivront ensuite l'étude de la formulation et la description des étapes de la mise au point du matériau. Enfin, les principaux facteurs d'influences seront identifiés.

3.1. Mise au point du béton de coques de noix de palmistes

3.1.1. Matériaux

3.1.1.1. Le ciment

Le ciment utilisé pour la confection du béton est de type CPJ 35 (équivalent au CEM II selon la norme EN 197-1), provenant de l'usine SCB-Lafarge.

3.1.1.2. L'eau

L'eau utilisée pour la confection des éprouvettes est celle du réseau d'alimentation d'eau potable du campus universitaire d'Abomey-Calavi.

3.1.1.3. Le sable

Le sable utilisé est un sable provenant de la carrière du DEKOUNGBE dans la commune d'Abomey-Calavi. Sa granulométrie (EN 933-1) est illustrée par la figure suivante :

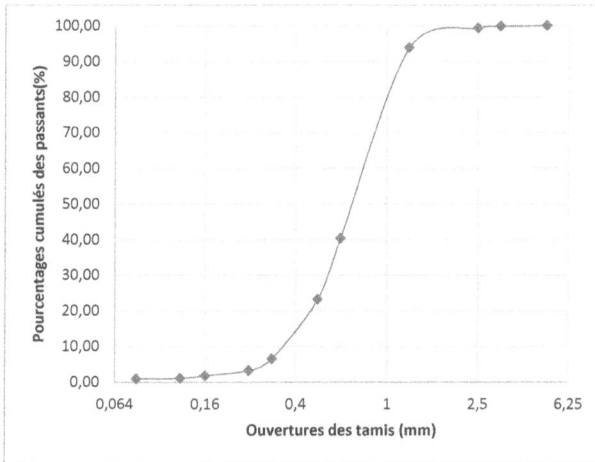

Figure 3.1 : Courbe représentative des résultats d'analyse granulométrique
sur le sable

La valeur d'équivalent de sable (EN 933-8) du sable est égale à 64 %. Nous sommes donc en présence d'un sable légèrement argileux. La masse volumique réelle du sable *(NF-EN 1097-6)* est : 2,59 Mg/m^3. La masse volumique en vrac *(NF EN 1097-3)* du sable est de 1,70 Mg/m^3.

3.1.1.4. Les coques de noix de palmistes

Les coques de noix de palmistes sont obtenues suivant le processus décrit au paragraphe 1.3.1. Dans le cadre de cette étude les coques ont été recueillies dans le Sud du Bénin où se fait la production du palmier à huile, précisément à Missrété dans le département de l'Ouémé-Plateau.

3.1.1.4.1. Prétraitement des granulats

Les coques de noix de palmistes sont soigneusement lavées à l'eau puis séchées au soleil afin d'éliminer les éventuelles traces d'huile et de particules fines sur les coques. Ensuite, en nous référant à l'étude que nous avions faite en 2012 sur la compatibilité des coques et qui a révélé une compatibilité moyenne entre les coques et le ciment, il a été procédé au traitement des coques à la soude caustique afin d'apprécier l'influence de ce traitement sur les performances du matériau obtenu.

3.1.1.4.2. Caractéristiques des granulats

La courbe granulométrique *(EN 933-1)* des coques de noix de palmistes se présente comme suit :

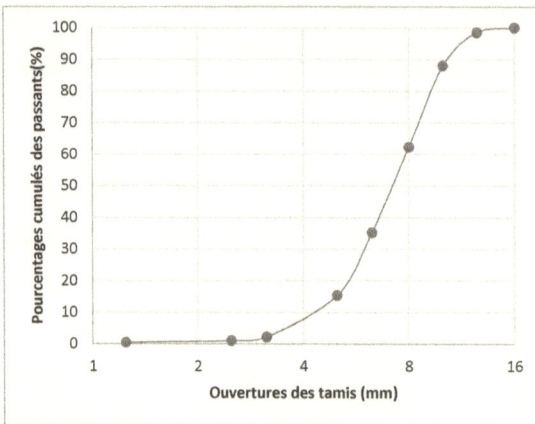

Figure 3.2 : Courbe représentative des résultats d'analyse granulométrique sur les coques de noix de palmistes

Le coefficient d'aplatissement des coques*(EN-933-3* : 67,31%. On constate que les coques de noix de palmistes ont un coefficient d'aplatissement très élevé. Ce résultat est en harmonie avec la forme plus ou moins plate des coques après leur concassage.

La masse volumique en vrac *(NF EN 1097-3)* des coques est de 0,53 Mg/m^3.

La masse volumique réelle*(EN 1097-6)* des coques est : 1,43 Mg/m^3.

L'absorption d'eau des coques de noix de palmistes est présentée comme suit :

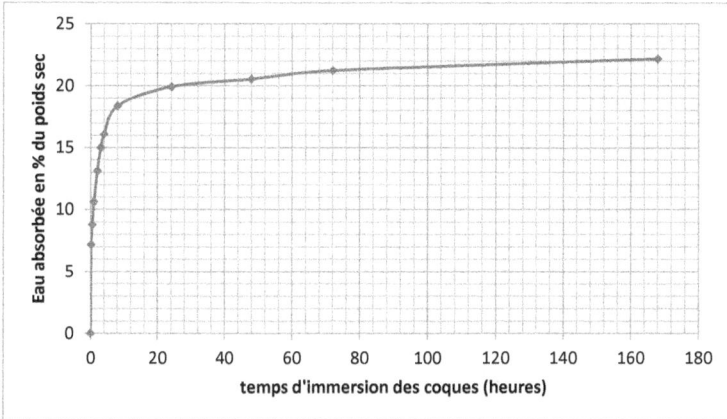

Figure 3.3 : Courbe d'absorption d'eau des coques de noix de palmistes

L'analyse de la Courbe d'absorption d'eau des coques de noix de palmistes permet de constater que les granulats de coques ont un pouvoir absorbant considérable mais progressif. La courbe révèle que plus de 80% de la valeur maximale d'eau absorbée est atteinte en huit (8) heures d'immersion. De plus, la cinétique d'absorption montre que la vitesse d'absorption est quasi nulle au-delà de huit heures.

Nous nous proposons donc, pour éviter que le fort pouvoir absorbant des coques ne perturbe les réactions d'hydratation, de les immerger pendant au moins huit (8) heures et de les égoutter jusqu'à avoir une teneur en eau de surface constante.

3.1.2. Formulation du béton de coques de noix de palmistes

La méthode utilisée pour établir l'expression de la masse des granulats en fonction du dosage en ciment et en eau à mettre en œuvre, est basée sur *l'expression du volume absolu* des composites et des masses volumiques absolues des éléments constitutifs du composite. Le volume absolu du mélange des différents constituants du composite est donné par l'expression suivante :

$$V_{abs\ mel} = V_{abs\ ciment} + V_{abs\ eau} + V_{abs\ granulats}$$

Avec $V_{abs\ granulats} = V_{abs\ sable} + V_{abs\ coques}$

Ainsi on a :

$$V_{abs\ mel} = V_{abs\ ciment} + V_{abs\ eau} + V_{abs\ sable} + V_{abs\ coques}$$

Pour 1 m³ de mélange désignons par:

→ C, le dosage en masse du ciment,

→ E/C= k_e, le rapport massique eau/ciment,

→ Q/S=k_b, le rapport massique coques/sable

→ ρ_c, la masse volumique réelle du ciment,

→ ρ_e, la masse volumique réelle de l'eau,

→ ρ_s, la masse volumique réelle du sable,

→ ρ_q, la masse volumique réelle des coques de noix de palmistes

Nous avons :

$$V_{abs\ ciment} = \frac{C}{\rho_c} \ ; \ V_{abs\ eau} = \frac{E}{\rho_e} \ ; \ V_{abs\ sable} = \frac{S}{\rho_s} \ ; \ V_{abs\ coque} = \frac{Q}{\rho_q}$$

$$1 = \frac{C}{\rho_c} + \frac{E}{\rho_e} + \frac{S}{\rho_s} + \frac{Q}{\rho_q} \ (3.1)$$

Tirons expression de S dans l'équation (3.1)

$$S = \frac{1 - C\left(\frac{1}{\rho_c} + \frac{ke}{\rho_e}\right)}{\frac{1}{\rho_s} + \frac{kb}{\rho_q}}$$

Détermination du rapport Q/S

Apres plusieurs enquêtes sur le terrain (Commune de Missrété), il a été retenu un rapport de volume en vrac entre les coques de noix de palmiste et le sable égale à :

$$\frac{V_{\text{vrac coque}}}{V_{\text{vrac sable}}} = \frac{150}{100} = \frac{3}{2}$$

Donc $\dfrac{Q}{S} = \dfrac{\rho_{\text{vrac coque}} \times V_{\text{vrac coque}}}{\rho_{\text{vrac sable}} \times V_{\text{vrac sable}}}$

$$\frac{Q}{S} = \frac{3}{2} \times \frac{\rho_{\text{vrac coque}}}{\rho_{\text{vrac sable}}}$$

$\rho_{\text{vrac coque}}$ et $\rho_{\text{vrac sable}}$ ont été déterminés par des essais laboratoires

Et nous avons obtenues les valeurs suivantes :

$\rho_{\text{vrac coque}} = 0{,}53 \text{ Mg/m}^3$ et $\rho_{\text{vrac sable}} = 1{,}70 \text{ Mg/m}^3$

$$\frac{Q}{S} = 0{,}468$$

Connaissant les masses granulats, on peut calculer les différentes proportions des constituants entrant dans la formulation des composites.

En définitive, on retient, pour un mètre cube de béton de coques de noix de palmistes, les dosages suivants :

Tableau 3-7 : masse de chaque élément constituant le mélange pour 1m³ de béton

Rapport E/C	Rapport Q/S	Masse du ciment dans le mélange C (kg)	Masse de l'eau dans le mélange E (kg)	Masse du sable dans le mélange S (kg)	Masse des coques dans le mélange Q (kg)
		350	175	998,86	467,11
		400	200	941,15	440,13
0,5	0,468	450	225	883,45	413,14
		500	250	825,76	386,16
		550	275	768,05	359,18

600	300	702,23	328,40

1.2.1.3. Préparation des bétons de coques de noix de palmistes

Les granulats de coques de noix de palmistes sont des granulats légers qui ont donc un pouvoir absorbant non négligeable. Il faut donc tenir compte de la quantité d'eau à absorber par les granulats lors de la confection. L'utilisation de granulats imbibés d'eau permet ainsi de se prémunir d'une perte de maniabilité pendant le malaxage et aussi d'un manque d'hydratation du ciment qui nuirait aux performances mécaniques du béton. Mais puisque l'absorption d'eau par ces granulats n'est pas spontanée, l'augmentation de la quantité d'eau à absorber lors de la confection du béton influerait considérablement sur la consistance et donc sur la résistance du béton. Pour limiter les variations du rapport ciment/eau lors de la fabrication du béton, les granulats de coques de noix de palmistes seront préalablement imbibés dans l'eau pendant un temps minimum. Ce temps a été déterminé à partir de l'analyse de l'absorption d'eau des coques étudiée conformément à la norme EN 1097-6. Les coques seront ensuite égouttées jusqu'à avoir une teneur en eau de surface constante (photo 3-1).

Photo 3-1 : procédé d'égouttage des coques après imbibition

1.2.1.4.   Malaxage

Le malaxeur est humidifié avant l'introduction des matériaux. Les constituants sont mis dans le malaxeur dans l'ordre suivant : les coques de noix de palmistes, le sable, le ciment. Le malaxage est effectué à sec pendant une minute. L'eau est ensuite introduite au fur et à mesure du malaxage durant deux minutes. Après l'introduction d'eau, le malaxage continue pendant quelques minutes.

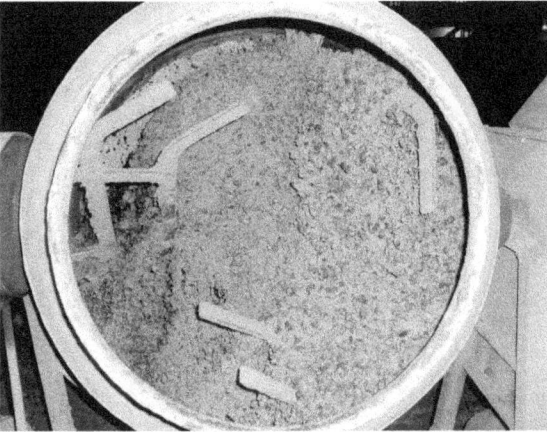

Photo 3-2 : mélange coques et sable en cours de malaxage

1.2.1.5.   Mise en place du béton

Avant le remplissage, il convient que la surface intérieure du moule soit enduite d'une fine pellicule d'huile empêchant le béton d'adhérer au moule. Le moule cylindrique Ø16x32cm, est rempli par le béton frais en trois couches quasi égales. Pour chaque couche, le serrage du béton doit être immédiatement effectué à l'aide d'une aiguille vibrante.

Photo 3-3 : Serrage du béton dans le moule de prélèvement

1.2.1.6.   Conservation des éprouvettes

Conformément à la norme EN 12390-2, les éprouvettes doivent rester dans le moule et protégées contre les chocs, les vibrations et la dessiccation pendant au moins 16 h et au plus 3 jours, à la température de 25 °C ± 5 °C.

Après démoulage, les éprouvettes sont entreposées dans de l'eau jusqu'au moment de l'essai, à une température de 20 °C± 2 °C.

Photo 3-4 : Conservation des éprouvettes de béton

3.2. Essais réalisés sur le béton frais

Après le malaxage, l'affaissement au cône d'Abrams et la masse volumique sont déterminés pour chaque gâchée

3.2.1. Essai d'affaissement au cône d'Abrams–slump test (EN 12350-2) [36]

Il s'agit de constater l'affaissement d'un cône de béton sous l'effet de son propre poids. Plus cet affaissement sera grand et plus le béton sera réputé fluide.

1.2.1.7. Matériel

> Un moule tronconique sans fond de 30 cm de haut, de 20 cm de diamètre en sa partie inférieure et de 10 cm de diamètre en sa partie supérieure
> Une plaque d'appui
> Une tige de piquage
> Une règle graduée

1.2.1.8. Méthodes

✓ Huiler légèrement le moule et la plaque avec une éponge et fixer le moule sur la plaque ;

✓ Introduire le béton dans le moule en trois (3) couches d'égales hauteurs qui seront mises en place au moyen de la tige de piquage actionnée 25 fois par couche ;

✓ Araser en roulant la tige de piquage sur le bord supérieur du moule ;

✓ Procéder au démoulage en soulevant le moule avec précaution (entre 5 et 10 secondes). Le béton n'étant plus maintenu s'affaisse plus ou moins suivant sa consistance. Cette consistance est caractérisée par l'affaissement obtenu noté h, et arrondi au centimètre près.

1.2.1.9. Expression des résultats

L'affaissement h est la distance entre le bord le plus élevé du béton affaissé et l'arase supérieur du moule tronconique déposé sur l'embase. La mesure doit être effectuée dans la minute qui suit le démoulage. La durée totale de l'essai du début de remplissage à la mesure de l'affaissement ne doit pas excéder 2 min 30 s.

3.2.2. Détermination de la masse volumique du béton frais

1.2.1.10. Matériel

- ✓ Balance de marque METTLER TOLEBO de portée 35 kg et de précision 5 g
- ✓ Moules cylindriques de diamètre 16 cm et de hauteur 32 cm

1.2.1.11. Méthodes

- ✓ Peser les moules à vide, soit M_1
- ✓ Remplir les moules après confection du béton
- ✓ Peser à nouveau l'ensemble moule +béton, soit M_2

1.2.1.12. Calcul et expression des résultats

La masse volumique du béton frais ρ_{bf} est obtenue par l'expression suivante :

$$\rho_{bf} = \frac{M_2 - M_1}{V}$$

3.3. Essais réalisés sur le béton durci

3.3.1. Détermination de la masse volumique du béton durci

1.2.1.13. Matériel

- ✓ Balance de marque METTLER TOLEBO de portée 35 kg et de précision 5 g

✓ Pieds à coulis

1.2.1.14. Méthodes

✓ Peser l'éprouvette de béton, soit M ;
✓ tracer sur les surfaces de base trois diamètres, chacun d'eux faisant un angle de 120° avec les deux autres ;
✓ mesurer à l'aide du pieds à coulis l'éprouvette suivant ces diamètres en haut et en bas. Faire la moyenne arithmétique, soit d_m
✓ mesurer également les hauteurs suivant chacun de ces trois diamètres. Faire la moyenne arithmétique, soit hm

1.2.1.15. Calcul et expression des résultats

La masse volumique du béton durci ρ_b est obtenue par l'expression suivante :

$$\rho_b = \frac{4M}{\pi h_m d_m^2}$$

3.3.2. Essai de compression (EN 12390-3) [37] [38]

1.2.1.16. Matériel

✓ Machine d'essai de compression
✓ Surfaceuse

1.2.1.17. Méthodes
✓ **Surfaçage des éprouvettes : méthode au mortier de souffre**
• Avant le surfaçage, s'assurer que l'extrémité de l'éprouvette à surfacer est sèche, qu'elle est propre et que toutes les particules étrangères ont été éliminées ;

- chauffer l'ensemble souffre + sable fin jusqu'à ce qu'il soit liquide. Le mélange est remué de façon continue afin de garantir son homogénéité ;
- passer une couche d'huile sur le plateau de la surfaceuse pour faciliter le démoulage ;
- verser le mortier de souffre liquéfié dans le plateau de la surfaceuse ;
- faire descendre verticalement l'une des extrémités de l'éprouvette dans le souffre liquéfié ;
- laisser durcir le mélange ;
- répéter cette opération pour l'autre extrémité ;
- attendre 30 min avant l'exécution de l'essai de compression sur l'éprouvette.

  ✓ **Essai proprement dit**

- Eliminer toute source d'humidité excessive de la surface de l'éprouvette avant de la positionner dans la machine d'essai. Tous les plateaux de la machine d'essai doivent être essuyés et toutes particules ou corps étrangers enlevés des surfaces de l'éprouvette qui seront en contact avec eux ;
- centrer l'éprouvette sur le plateau inférieur avec une précision de -1 % du diamètre pour les éprouvettes cylindriques ;
- sélectionner une vitesse constante de chargement dans la plage 0,6 MPa/s ± 0,2 MPa/s ;
- appliquer la charge sans choc et l'accroître de façon continue à la vitesse constante sélectionnée -10 % jusqu'à la rupture de l'éprouvette. La charge maximale obtenue doit être enregistrée.

1.2.1.18.   Expression des résultats

La résistance à la compression est donnée par l'équation suivante :

$$f_c = \frac{F}{A_c}$$

où :

f_c exprimée en mégapascals,

F est la charge maximale, exprimée en Newtons ;

A_c est l'aire de la section de l'éprouvette sur laquelle la force de compression est appliquée, calculée à partir des mesures d'éprouvettes, exprimée en millimètres carrés.

La résistance à la compression doit être exprimée à 0,1 MPa près.

3.3.3. Essai de traction par fendage (EN 12390-6) [39]

1.2.1.19. Matériel

✓ Machine d'essai

✓ Disques d'espacement

✓ Pièce d'appui

✓ Tige circulaire métallique dont la longueur est supérieure à celle de l'éprouvette

1.2.1.20. Méthodes

- Essuyer l'éprouvette avant de la placer sur la machine d'essais pour éliminer l'humidité en excès ;
- essuyer les surfaces des bandes de chargement, des pièces d'appui et des plateaux ;
- nettoyer la surface de l'éprouvette qui sera en contact avec les bandes de chargement et en éliminer toute particule ou corps étranger ;
- centrer l'éprouvette dans la machine ;

- positionner soigneusement les bandes de chargement et les pièces d'appui ;
- vérifier que l'éprouvette demeure centrée au début de la mise en charge ;
- sélectionner une vitesse de chargement constante ;
- appliquer la charge sans choc et l'accroître de façon continue, jusqu'à la rupture de l'éprouvette ;
- noter la charge maximale enregistrée au cours de l'essai.

1.2.1.21. Expression des résultats

La résistance en traction par fendage est donnée par l'équation suivante :

$$f_{ct} = \frac{2F}{\pi L d}$$

où :

f_{ct} est en mégapascals ;

F est la charge maximale, en newtons ;

L est la longueur de la ligne de contact de l'éprouvette, en millimètres

d est le diamètre nominal de l'éprouvette, en millimètres.

NB : Exprimer la résistance en traction par fendage à 0,05 MPa près.

Chapitre 4. Résultats et Discussions

4.1. Formulation des bétons

Les différentes méthodes de formulation ont été présentées aux paragraphes 3.1. selon les paramètres étudiés. La formulation faite correspond à $1m^3$ de béton. Or nous ferons pour notre expérience une gâchée pour 9 moules de 16cm x 32cm et nous considèrerons une perte de 10%. Les résultats des études de formulation se présentent comme suit pour une gâchée de 108,6L devant servir aux essais :

Tableau 4-1 : masse de chaque élément constituant le mélange pour 108,6 L de béton

Dosage en ciment (kg/m³)	Proportion de chaque constituant en kg			
	Ciment	Eau	Sable	Coques
350	38,023	19,012	108,476	50,728
400	43,455	21,728	102,209	47,798
450	48,887	24,444	95,943	44,867
500	54,319	27,160	89,677	41,937
550	59,751	29,875	83,410	39,007
600	65,183	32,591	76,262	35,664

A partir de ces différentes formulations, il a été confectionné des bétons sur lesquels ont été étudiées essentiellement la masse volumique et les résistances mécaniques. Deux paramètres ont été appréciés : le dosage en ciment et le traitement préalable des coques de noix de palmistes.

Le paragraphe suivant présentera les résultats de la résistance mécanique pour les différents cas de béton ainsi mis au point.

4.2. Résistances mécaniques des bétons de coques de noix de palmistes

4.2.1. Influence du dosage en ciment

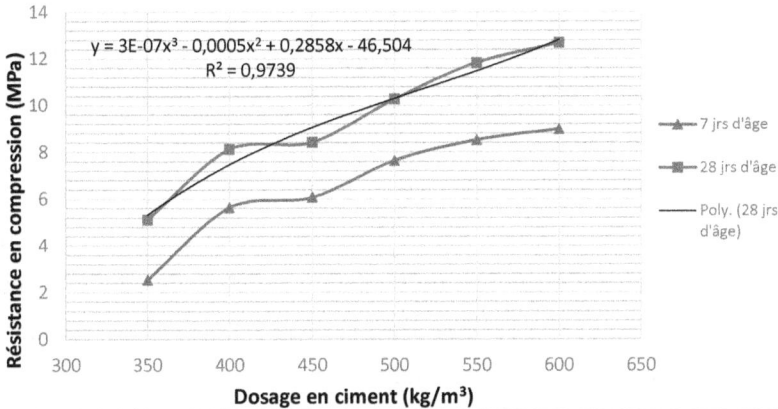

Figure 4.1 Variation de la résistance à la compression en fonction du dosage en ciment

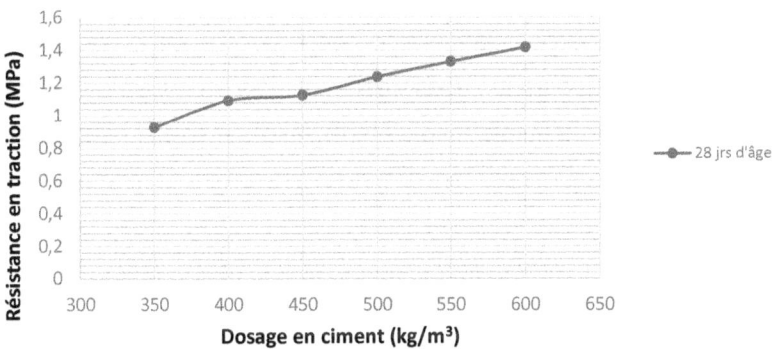

Figure 4.2 : Variation de la résistance à la traction à 28 jours en fonction du dosage en ciment

Les figures 4-1 et 4-2 présentent la variation des résistances mécaniques en fonction du dosage en ciment. On remarque que la résistance aussi bien à la compression qu'à la traction du béton de coques croît avec l'augmentation du dosage en ciment.

Le rapport f_{c7}/f_{c28} en compression pour les différents dosages en ciment est moyennement égal à 0,70 et différent de celui du béton classique qui est de 0,66. Le béton de coques acquiert donc près de trois-quarts de sa résistance nominale à 7 jours d'âge. Ce murissement accéléré du béton de coques de noix de palmistes serait certainement dû au caractère poreux des coques de noix de palmistes. En effet la présence d'une quantité non moins importante d'eau à l'intérieur des coques permettrait une accélération des réactions d'hydratation et offrirait de bonnes conditions de cure à la matrice cimentaire qui, dans le cas des bétons légers, contribue fortement à l'obtention de meilleures performances mécaniques.

Les résistances à la compression à 28 jours varient entre 5 et 12 MPa selon le dosage en ciment. Ceci nous permet de dire que le béton de coques est donc un béton légers de résistance modérée [12]. Le béton offre ainsi une large plage de résistance pour laquelle le choix se fera en fonction de la destination du matériau obtenu.. Ces résultats sont comparbles à ceux obtenus en 2012 à partir de la méthode de formulation de Dreux relatives aux bétons de granulats légers et pour laquelle la résistance est comprise entre 4 et 11Mpa. [40]

4.2.2. Influence du traitement préalable des coques

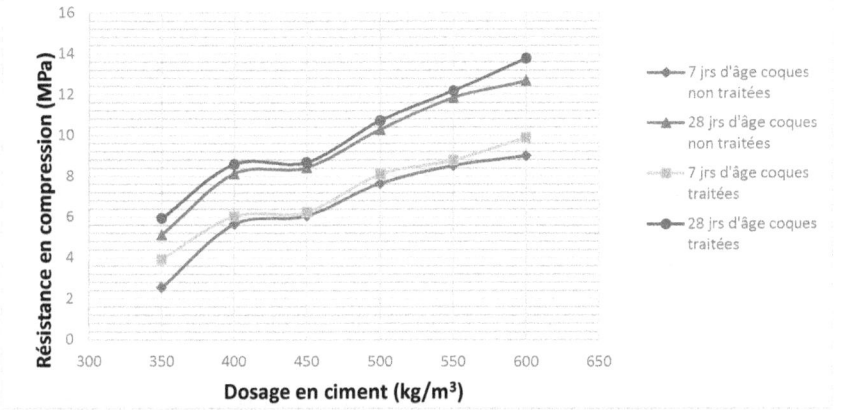

Figure 4.3 : Variation de la résistance à la compression en fonction du dosage en ciment pour les coques traitées et non traitées

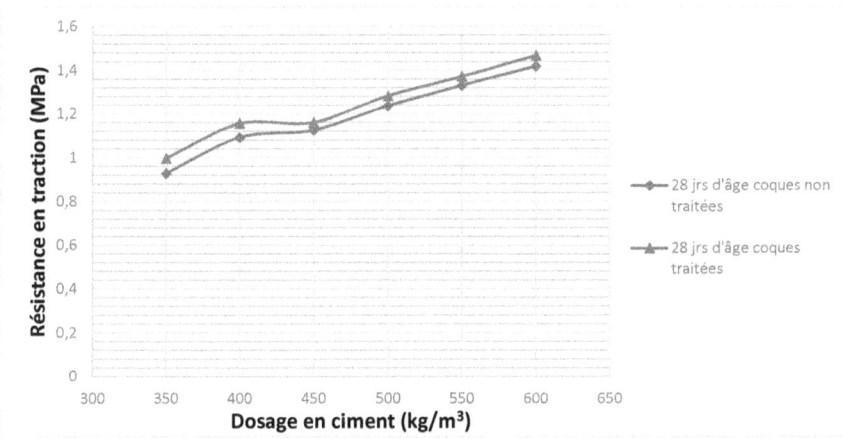

Figure 4.4 : Variation de la résistance à la traction à 28 jours avec coques traitées en fonction du dosage en ciment

Les figures 4-3 et 4-4 présentent la variation des résistances mécaniques en fonction du dosage en ciment pour les bétons de coque traités comparés à ceux des coques non traitées. On remarque que la résistance aussi bien à la compression qu'à la traction du béton de coques traitées est légèrement supérieure à celle du béton de coques non traitées. Le traitement des coques de noix de palmistes permet d'accroitre les résistances mécaniques du béton de coques d'un pourcentage qui varie entre 3% et 14%. Ceci s'explique par le fait que le traitement permet d'accroitre d'une part la compatibilité les coques et le ciment et d'autre part la liaison entre matrice cimentaire et les coques de noix de palmistes.

Les résistances à la compression du béton de coques traitées à 28 jours varient entre 5 et 14 MPa selon le dosage en ciment. Cette résistance de 14 MPa est suffisamment proche de celle des bétons de résistances modérées à usage structural et permet alors de conclure quant à la possible utilisation du béton de coques comme matériau des éléments de structure faiblement chargés [12].

4.3. Masse volumique des bétons de coques de noix de palmistes

4.3.1. Influence du dosage en ciment

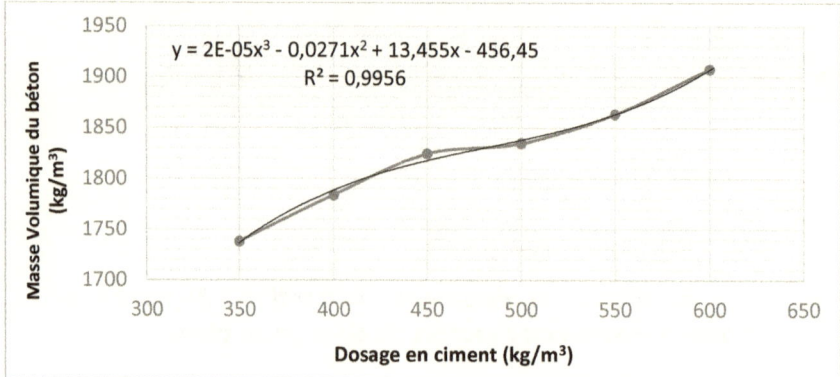

Figure 4.5 : Courbe de variation de la masse volumique du béton de coques en fonction du dosage en ciment

La figure 4-5 présente la variation de la masse volumique du béton de coques en fonction du dosage en ciment. Toutes les valeurs obtenues sont inférieures à 2000 kg/m^3, ce qui traduit que le béton de coques de noix de palmiste est un béton léger (d'après la norme EN-206-1)..

La courbe a une allure croissante, ce qui signifie que la masse volumique du béton de coques croît avec l'augmentation de la quantité de ciment dans le mélange. Les bétons de coques ainsi obtenus ont des densités plus faibles que le béton classique avec un taux de réduction allant 21% à 35% par rapport à ce dernier. Des résultats similaires ont été obtenus dans les études antérieures notamment celles de ACCALOGOUN [4]

4.3.2. Influence du traitement préalable des coques

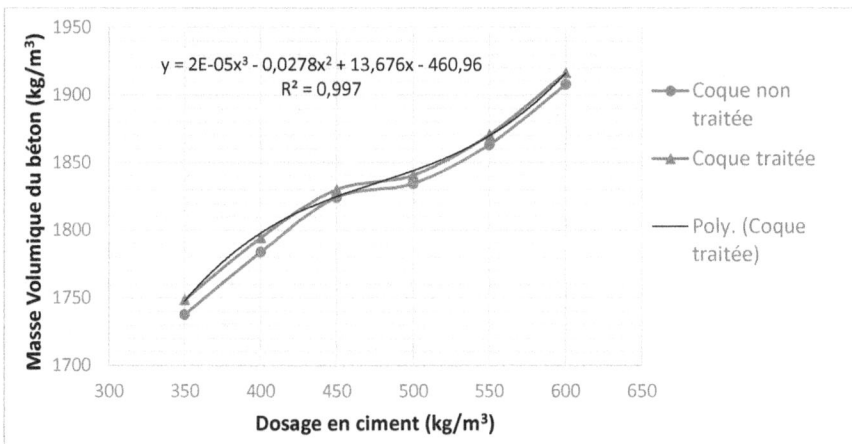

Figure 4.6 : Courbe de variation de la masse volumique du béton de coques traitées en fonction du dosage en ciment

La figure 4-6 présente la variation de la masse volumique du béton en fonction du dosage en ciment pour le béton de coques traitées comparé à celui d'un béton de coques non traitées.

La courbe a la même allure que celle du béton de coques non traitées, mais on constate que la masse volumique du béton de coques traitées est supérieure à celle du béton de coques non traitées. Cela pourrait s'expliquer par le fait que, lors du traitement des coques, elles perdent de leurs matières grasses (huiles et fibres) et puisque les masses ne changent pas, cette matière grasse perdue est remplacée par d'autres coques. Les bétons de coques traitées ainsi obtenus ont une densité légèrement élevée que les bétons de coques non traitées avec un taux d'augmentation compris entre 0% et 1%.

4.4. Affaissement du béton

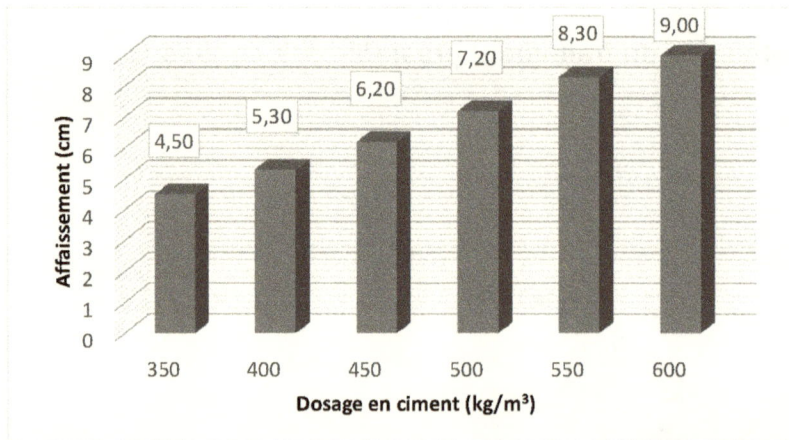

Figure 4.7 : Variation de l'affaissement du béton en fonction du dosage en ciment

La figure 4-7 indique que l'affaissement du béton coques pour différents dosages en ciment. On constate une augmentation de l'affaissement lorsque le dosage en ciment augmente. En effet, l'affaissement est lié la quantité d'eau dans le mélange. Or cette quantité augmente en fonction de l'augmentation du dosage en ciment à travers le rapport E/C constant. Ceci explique que l'on ait un béton de plus en plus fluide avec l'augmentation du dosage en ciment dans le mélange.Le béton de coques de noix de palmistes appartient à la classe de consistance de type S2, donc le béton de coques est maniable et plastique. (D'après la norme EN-206-1).

Chapitre 5. Etude de cas : Influence de l'utilisation du béton de coques de noix de palmistes sur la structure d'un bâtiment d'habitation de type R+1.

5. Etude comparative du dimensionnement d'un poteau à base du béton de coques de noix de palmiste et celui à base de béton classique

Le présent paragraphe sera essentiellement consacré au dimensionnement de quelques éléments de structure d'un bâtiment d'habitation de type R+1. Pour ce, nous nous référerons aux plans que nous avons établies et qui fait l'objet de l'annexe C.

A partir de ces plans et en nous inspirant du BAEL 91 modifié 99, nous ferons la descente des charges à l'aide du logiciel Autodesk Concrete Building Structures (CBS) et le dimensionnement sera fait sur le poteau et la poutre les plus chargés, en considérant le cas du béton de coques et celui du béton classique.

3.3.4. Choix du type de béton de coques de noix de palmistes

Compte tenu de son utilisation comme matériau d'un élément de structure, le béton de coque choisi est celui qui a la plus grande résistance à la compression, soit le béton de type 12.

3.3.5. Résistance caractéristique du béton de coques de noix de palmistes

La résistance caractéristique du béton à 28 jours est déterminée à partir d'essais sur les éprouvettes 16cm x 32cm. En pratique, comme le nombre d'essais réalisés ne permet pas un traitement statistique suffisant, on adopte la relation simplifiée suivante, en prenant un coefficient de sécurité de 75% on a :

$f_{c28} = \frac{\sigma_{28}}{1,75}$ où

σ_{28} est la valeur moyenne des résistances obtenues sur l'ensemble des éprouvettes.

En considérant le béton de coques de noix de palmiste de type 12 (voir paragraphe 3.1.3.5.) on a :

$$f_{c28} = \frac{13,771}{1,75} = 7,87$$

Retenons $f_{c28} = 7,87$ Mpa

3.3.6. Descentes des charges sur les éléments de structure

Les hypothèses de calcul sont présentées dans le tableau ci-après :

Tableau 5-1 : Hypothèses de calcul pour la descente des charges

Désignation	Type de béton	
	Béton classique	Béton de coque
Poids volumique béton non armé (kN/m³)	25	19
Charge permanente d'un plancher à corps creux (plancher courant) (kN/m²)	4,5	4,5
Charge d'exploitation d'un plancher à corps creux (plancher courant) (kN/m²)	1	1
Charge permanente d'un plancher à corps creux (Terrasse accessible) (kN/m²)	5,5	5,5
Charge d'exploitation d'un plancher à corps creux (Terrasse accessible) (kN/m²)	1,5	1,5

Après descente de charge conformément au plan de poutraison choisir avec le logiciel CBS, nous allons dimensionner les éléments de structure les plus chargés qui sont: le poteau P de l'axe 7-E du RDC et la poutre PP8 du R+1.

Tableau 5-2 : valeur des charges du poteau et de la poutre

Désignation	Résultats	
	Béton classique	Béton de coque
Charge permanente en tête du poteau	125,25 kN	117,16 kN
Charge d'exploitation en tête du poteau	8,93 kN	8,93 kN
Charge permanente appliquée sur la poutre	21,10 kN	20,62 kN
Charge d'exploitation appliquée sur la poutre	5,21 kN	5,21 kN

3.3.7. Dimensionnement du poteau P

Les hypothèses de calcul nécessaires pour le dimensionnement du poteau P se présentent comme suit :

Tableau 5-3 : Hypothèses de calcul du poteau P

Désignation	Unité	Notation	Valeurs Béton classique	Béton de coque
Grand côté du poteau	m	a	0,20	0,20
Petit côté du poteau	m	b	0,20	0,20
Contrainte de l'acier utilisé	MPa	f_e	400	400
Contrainte du béton à 28 jours	MPa	f_{c28}	20	7,87
Hauteur de l'étage	m	l_o	3	3
Type de poteau	-	-	intermédiaire	intermédiaire
Effort ultime=1,35G+1,5Q	MN	Nu	0,18248	0,17156
K (moitié des charges appliquée avant 90 jrs)	-	K	1,1	1,1

Le calcul des sections d'armatures du poteau P se présente comme suit :

Tableau 5-4 : Calcul du poteau P

Désignation	Unité	Expression	Notation	Résultats	
				Béton classique	Béton de coque
Périmètre de la section	m	2a+2b	u	0,8	0,8
Aire de la section réduite	m²	$(a - 0,02) \times (b - 0,02)$	B_r	0,0324	0,0324
Rayon de giration	m	$a/2\sqrt{3}$	i	0,0577	0,0577
Elancement		$0,707 l_0/i$	l	36,73	36,73
Contrôle Elancement<70	-	-	-	vérifié	vérifié
Coefficient d'élancement	-	$si \lambda \leq 50: \propto = \frac{0,85}{1+0,2(\lambda/35)^2}$	$\propto$	0,697	0,697
Section théorique d'acier	cm²	$\left(\frac{Nu}{\propto} - \frac{Br. fc28}{0,9\gamma_b}\right)\frac{\gamma_s}{fe}$	Ath	-4,79	2,99
Section maximale d'acier	cm²	5%B	A_{max}	20	20
Section de calcul minimale	cm²	Max (0,2%B ;4u ;Ath)	A_{sc}	3,20	3,20
Contrôle : $A_{sc}<A_{max}$	-	-	-	vérifié	vérifié
Choix d'une section commerciale	-	-	-	4H10	4H10
Diamètre des armatures comprimées	mm	-	Φ_1	10	10
Diamètre des aciers transversaux	mm	$\Phi_t < (\Phi_1/3)$	Φ_t	6	6
Espacement des aciers transversaux	cm	Ath < Asc : St = mini (a + 10; 40 cm)	S_t	30	30
Jonctions par recouvrement	cm	lr = 0,6ls (soit $24\Phi_1$ pour HA400)	l_r	24	24

L'analyse des résultats nous permet de conclure que la résistance du béton de coques de noix de palmiste, quoique inférieure à celle du béton classique, n'induirait une augmentation ni de la section du béton ni de celle des armatures du poteau d'un bâtiment d'habitation de type R+1.

3.3.8. Dimensionnement de la poutre PP8

Les hypothèses de calcul nécessaires pour le dimensionnement de la poutre se présentent comme suit :

Tableau 5-5 : Hypothèses de calcul de la poutre PP8

Désignation	Unité	Notation	Valeurs Béton classique	Béton de coque
Base de la poutre	m	b	0,20	0,20
Hauteur de la poutre	m	h	0,40	0,40
Hauteur utile des aciers tendus	m	d	0,35	0,35
Contrainte de l'acier utilisé	MPa	f_e	400	400
Contrainte du béton à 28 jours	MPa	f_{c28}	20	7,87
Contrainte du béton à 28 jours	MPa	f_{t28}	1,8	1,0928
Condition de fissuration	-		FP	FP
Moment de service en travée	MN.m	M_{sertr}	0,0074	0,00727
Moment de service aux appuis	MN.m	M_{sera}	0,01315	0,01291
Effort tranchant à l'ELU max	MN	V_u	45,378	44,568

FP : Fissuration Préjudiciable

Le calcul des sections d'armatures de la poutre PP8 se présente comme suit :

Tableau 5-6 : Calcul de la poutre PP8

Désignation	Unité	Expression	Notation	Résultats Béton classique	Béton de coque
Contrainte de compression du béton limitée	Mpa	$0,6 \times f_{c28}$	σ_{bc}	12	5,508
Contrainte de traction des aciers limitée suivant les cas de fissuration :	MPa	$\min\left(\frac{2}{3}f_e; 110\sqrt{\eta \times f_{t28}}\right)$	σ_{st}	186,676	149,293
Coefficient de la fibre neutre	-	$\dfrac{n\sigma_{bc}}{n\sigma_{bc} + \sigma_{st}}$	α	0,391	0,270
Position de la fibre neutre	m	αd	y_1	0,1370	0,0945
Bras de levier	m	$d\left(1 - \frac{\alpha}{3}\right)$	z	0,3044	0,3185
Moment résistant du béton	MN	$\frac{1}{2} \times b \times y_1 \times \sigma_{bc} \times z$	M_{rsb}	0,05004	0,01684
Présence d'acier comprimé	-	$M_{rsb} > M_{sertr}$	Travée	non	non
Présence d'acier comprimé	-	$M_{rsb} > M_{sera}$	Appui	non	non

Acier minimal	cm²	$0,23 \times \dfrac{f_{t28}}{f_e} \times b \times d$	A_{min}	0,7245	0,4632
Section des aciers tendus en travée	cm²	$\dfrac{M_{sertr}}{z \times \sigma_{st}}$	A_{sertr}	1,303	1,530
Section des aciers tendus aux appuis	cm²	$\dfrac{M_{sera}}{z \times \sigma_{st}}$	A_{sera}	2,315	2,715
Choix d'une section commerciale en travée	-	En travée Aux appuis	-	2HA10 4HA10	2HA10 4HA10
Contrainte tangentielle de travail en travée	MPa	$\dfrac{V_{utr}}{bd}$	τ_{utr}	0,46708	0,4505
Contrainte tangentielle de travail aux appuis	MPa	$\dfrac{V_{ua}}{bd}$	τ_{ua}	0,77826	0,75068
Contrainte tangentielle de travail admissible	MPa	$\min\left(\dfrac{0,15 f_{c28}}{\gamma_b}; 4MPa;\right)$	$\overline{\tau_u}$	2	0,918
Vérification	-	$\tau_{utr} < \overline{\tau_u}$ et $\tau_{ua} < \overline{\tau_u}$	-	vérifié	vérifié
Diamètre minimal des armatures filantes	mm	En travée Aux appuis	Φ_{lmin} Φ_{lmin}	10 10	8 10
Diamètre des armatures transversales en travée et aux appuis	mm	$\Phi_t \leq \min$ $(h/35 ; \Phi_{lmin}; b/10)$	Φ_t	6	6

L'analyse des résultats nous permet de conclure que la résistance du béton de coques de noix de palmistes, quoique inférieure à celle du béton classique, n'induirait une augmentation ni de la section du béton ni de celle des armatures de la poutre d'un bâtiment d'habitation de type R+1.

3.4. Etude comparée du coût du béton courant et des bétons de coques de noix de palmistes

Tableau 5-7 : Estimation du coût des bétons ordinaires et de coques de noix de palmiste

Type de béton	Désignation					Total (FCFA)	Taux de réduction (%)
	Matériau	Unité	Quantité	Prix unitaire	Prix partiel		
Béton de gravier	Ciment	t	0,4	89000	35600	56256	0%
	Eau	l	191	2	382		
	Sable	m³	0,362	6000	2172		
	Coques	m³	0	4000	0		
	Gravier	m³	0,862	21000	18102		
Béton de coque dosé à 350kg	Ciment	t	0,35	89000	31150	38546	31,48%
	Eau	l	175	2	350		
	Sable	m³	0,587	6000	3522		
	Coques	m³	0,881	4000	3524		
	Gravier	m³	0	21000	0		
Béton de coque dosé à 400kg	Ciment	t	0,4	89000	35600	42638	24,21%
	Eau	l	200	2	400		
	Sable	m³	0,553	6000	3318		
	Coques	m³	0,83	4000	3320		
	Gravier	m³	0	21000	0		
Béton de coque dosé à 450kg	Ciment	t	0,45	89000	40050	46702	16,98%
	Eau	l	225	2	450		
	Sable	m³	0,519	6000	3114		
	Coques	m³	0,772	4000	3088		
	Gravier	m³	0	21000	0		
Béton de coque dosé à 500kg	Ciment	t	0,5	89000	44500	50828	9,65%
	Eau	l	250	2	500		
	Sable	m³	0,486	6000	2916		
	Coques	m³	0,728	4000	2912		
	Gravier	m³	0	21000	0		
Béton de coque dosé à 550kg	Ciment	t	0,55	89000	48950	54920	2,4%
	Eau	l	275	2	550		
	Sable	m³	0,452	6000	2712		
	Coques	m³	0,677	4000	2708		
	Gravier	m³	0	21000	0		
Béton de coque dosé à 600kg	Ciment	t	0,6	89000	53400	59016	-4,91%
	Eau	l	300	2	600		
	Sable	m³	0,418	6000	2508		
	Coques	m³	0,627	4000	2508		
	Gravier	m³	0	21000	0		

Le béton de coques de noix de palmistes, permet une diminution du coût allant de 2 à 32% selon le dosage en ciment

Cependant pour un dosage de 600 kg/m^3 de ciment nous avons une augmentation du cout de 5% .Toutefois le gain de poids obtenu entraînerait une diminution drastique de la charge transmise au sol et permettrait de grandes économies au niveau de la fondation surtout pour des immeubles de grandes hauteurs sur des sols peu résistants.

Conclusion générale

Les coques de noix de palmistes sont des résidus d'exploitation du palmier à huile et ont une faible valeur économique au vue de l'utilisation qui en est faite.

Les coques ont été utilisées comme granulats dans le béton dont la formulation a été faite à partir de la méthode volumes absolus. Les bétons ainsi obtenus ont une densité inférieure à 2000 kg/m^3 avec une réduction de poids allant de 21 à 35% par rapport au béton classique. Leur résistance à la compression varie entre 5 et 14 MPa et a permis de conclure quant à leur utilisation pour des fins structurales dans les éléments faiblement chargés.

On observe également une diminution du coût du béton allant de 2 à 32% par mètre cube et selon le dosage en ciment.

Il a été procédé au dimensionnement du poteau et de la poutre de la structure d'un bâtiment de type R+1 en s'inspirant des règles de calcul aux états limites. Les résultats obtenus permettent de conclure que la résistance du béton de coques n'entraîne pas une augmentation de la quantité d'acier, ni du volume de béton pour le poteau et la poutre, par comparaison avec l'utilisation du béton classique.

Le dosage élevé en ciment des bétons de coques de noix de palmistes rend ces derniers plus coûteux que le béton courant mais la réduction de poids allant de 20 à 30% serait d'un grand atout pour les immeubles de grande hauteur et les fondations sur les sols peu résistants.

Références bibliographiques

[1]   A.Short et W.Kinniburgh, «Lightweight Concrete,» *Science Publishers,* 1978.

[2]   TOFFA Juldriéno A. H., RENFORCEMENT DES CAPACITES ORGANISATIONNELLES ET TECHNIQUES DES PRODUCTEURS DU PALMIER A HUILE SELECTIONNE DANS LA COMMUNE D'ADJARRA : CAS DE LA CVPPH DE LINDJA-DANGBO, Abomey-Calavi, 2009.

[3]   cirad, «palmier à huile,» 2009. [En ligne]. [Accès le 14 Janvier 2012].

[4]   R. L. ACCALOGOUN , Projet de réalisation d'un béton à granulats légers:cas d'un béton à base de coques d'amande palmiste ou béton ligneux, Abomey-Calavi, 1995.

[5]   B. . D. AVLESSI , Caractérisation d'un béton bitumineux à"granulats" de coques d'amandes palmistes, Cotonou, 2011.

[6]   Z. Christian, mise au point et caractérisations physique et mécanique des mortiers et bétons légers contenant des déchets de polystirène expansé, Abomez-Calavi, 2012.

[7]   P. CORMON, Bétons légers d'aujourd'hui, Paris: Eyrolles, 1973, p. 319.

[8]   Y. KE, Caractérisation du comportement mécanique des bétons de granulats légers :Expérience et modélisation, 2008.

[9]   M.A. Neville, Propriétés des bétons, Paris: Eyrolles, 2000.

[10] . M. CONTANT, Confection de bétons légers pour la fabrication d'éléments architechturaux, Montréal, 2000.

[11] G. DREUX, Nouveau guide du BETON, Paris: EYROLLES, 1981.

[12] American Concrete Institute Committee213(ACI), Guide for structural lightweight-aggregate concrete, 2003.

[13] M. Shink, *Compatibilité élastique ,comportement mécanique et optimisation des bétons de granulats légers,* Quebec, 2003.

[14] G. L. DEMIRDAG S., «Strength properties of volcanic slag aggregate lightweight concrete for high performance masonry units,» *Construction and Building Materials,* 2006.

[15] U. T. Y. A. UNAL O., «Investigation of properties of lowstrength lightweight concrete for thermal insulation,» *Building and Environment,* vol. 42, pp. 584-590, 2007.

[16] V. CEREZO, *Propriétés mécaniques, thermiques et acoustiques d'un matériau à base de particules végétales: approche expérimentale et modélisation théorique,* 2005.

[17] P. C. J. R. M. D. F. N. H. PIMENTIA, «Etude de la faisabilité des procédés de construction à base de bétons de bois,» *Cahiers du CSTB,* n° %1346, février 1994.

[18] M. Bederina, Z. Makhloufi et M. Quéneudec, «Allègement des bétons de sables locaux par ajout de copeaux de bois traites et non traites : caractérisation physico-mécanique et microstructure,» *1st International Conference on Sustainable Built Environment Infrastructures in Developing Countries ENSET Oran,* vol. T4. Durability of materials and structures, p. 8, 2009.

[19] J.-P. ROY et J.-L. BLIND-LACROIX, Le dictionnaire professionnel du BTP, Paris: Eyrolles, 2000.

[20] AL-KHAIAT H. et HAQUE M. N., «Effect of initial curing on early strength andphysical properties of a lightweight concrete,» *Cement and Concrete Research ,* vol. 28, pp. 859-866, 1998.

[21] ARNOULD M. et VIRLOGEUX M., Granulats et bétons légers, Presses de l'ENPC, 1986.

[22] M.N. HAQUE, AL-KHAIAT H. et KAYALI O., «Strength and durability of lightweight concrete,» *Cement and Concrete Composites,* n° %126, pp. P307-314, 2004.

[23] Okafor F.O., «Palm kernel shell as a lightweight aggregate for concrete,» *Cement and Concrete Research ,* vol. 18, pp. 901-910, 1988..

[24] Okpala D.C., «Palm kernel shell as a lightweight aggregate in concrete,» *Building and Environment,* vol. 25, pp. 291-296, 1990.

[25] H.B.Basri, M.A.Mannan et M.F.M.Zain, «Concrete using waste oil palm shells as aggregates,» *Cement and Concrete Research ,* vol. 29, pp. 619-622, 1999.

[26] Ata O., E.A. Olanipekun et K.O.Oluola, «A comparative study of concrete properties using coconut shell and palm kernel shell as coarse aggregates,» *Building and Environment,* vol. 41, pp. 297-301, 2006.

[27] P. N. NDOKE, «Performance of Palm Kernel Shells as a Partial replacement for Coarse Aggregate in Asphalt Concrete».

[28] Teo D.C.L, M.A.Mannan et J.V. Kurian, «Flexural Behavior of Reinforced ConcreteBeams Made with Oil Palm Shell (OPS),» *Journal of Advanced Concrete Technology ,* vol. 4, pp. 459-468, 2006.

[29] U. Johnson Alengaram, Mohd Zamin Jumaat et Hilmi Mahmud, «Ductility Behaviour of Reinforced Palm Kernel Shell Concrete Beams,» *European Journal of Scientific Research 23,* pp. 406-420, 2008.

[30] C. G. M.A. Mannan, «Engineering properties of concrete with oil palm shell as coarse aggregate,» *Construction and Building Materials ,* vol. 16, pp. 29-34, 2002.

[31] M.A. Mannan et C. Ganapathy, «Concrete from an agricultural waste-oil palm shell (OPS),» *Building and Environment,* vol. 39, p. 441 – 448, 2004.

[32] C. G. M.A. Mannan, «Mix design for oil palm shell concrete,» *Cement and Concrete Research ,* vol. 31, p. 1323–1325, 2001.

[33] Payam Shafigh, Mohd Zamin Jumaat et Hilmi Mahmud, «Oil palm shell as a lightweight aggregate for production high strength lightweight concrete,» *Construction and Building Materials,* vol. 25, p. 1848–1853, 2011.

[34] Stéphane Fournier, Peter Ay, Claude Jannot, André Okounlola-Biaou et Euloge Pédé, La transformation artisanale de l'huile de palme au Bénin

et au Nigeria, 2001.

[35] MAEP, «PLAN STRATEGIQUE DE RELANCE DU SECTEUR AGRICOLE (PSRSA),» Cotonou, 2010.

[36] COMITE EUROPEEN DE NORMALISATION , *EN 12350-2:Affaissement au cône d'Abrams,* Paris, 2000.

[37] COMITE EUROPEEN DE NORMALISATION , *EN 12390-4:Résistance en compression -caractéristiques des machines d'essai,* Paris, 2000.

[38] COMITE EUROPEEN DE NORMALISATION , *EN 12390-3: Résistance à la compression des éprouvettes,* Paris, 2003.

[39] COMITE EUROPEEN DE NORMALISATION , *EN 12390-6: Résistance en traction par fendage d'éprouvettes,* Paris, 2001.

[40] G. Gildas, *contribution à la valorisation des matériaux de proximité du sud-Bénin.cas des coques de noix de palmistes pour la confection du béton,* Abomez-Calavi, 2012.

[41] F.Gorisse, «De l'influence des graviers calcaires dans le béton,» *béton, béton armé,* vol. 84, n° %1221, Mai 1966.

[42] M. P. J. M. G. O. E. NILSEN A. U., «Quality assessment oflightweight aggregate,» *Cement and Concrete Research,* vol. 24, pp. 1423-1427, 1994.

[43] S. Yepmo, *'Matériaux locaux et construction de logements dans les pays en voie de développement,* Université de Montréal, 1993.

[44] M. HACHMI, A. SESBOU, A. ZOULALIAN, E. MOUGEL, H. AKAABOUNE et K. ZOUKAGBE, *Comportement de de différentes biomasses marocaines dans la fabrication de composites bois ciment/gypse,* 2009.

[45] H. SOGBOSSI, Vers une standardisation des éléments de la structure portante des modules de trois (03)salles de classe des écoles primaires, construits sur sols courants en République du Bénin, Abomey-Calavi, 2011.

[46] D. MORIN, *Sur les bétons légers et leur comportement mécanique sous des sollicitations biaxiales,* Université Paul Sabatier de Toulouse, 1976.

[47] NILSEN A. U., MONTEIRO P.J. M. et GJORV O. E., «Estimation of the elastic modul of lightweight aggregates,» *Cement and Concrete Research,* n° %125, pp. 276-280, 1995.

[48] COMITE EUROPEEN DE NORMALISATION, *EN 1097-3:Méthode pour la détermination de la masse volumique en vrac et de la porosité intergranulaire,* Paris, 1998.

[49] COMITE EUROPEEN DE NORMALISATION, *EN 1097-2: Méthodes pour la détermination de la résistance à la fragmentation,* Paris, 1998.

[50] COMITE EUROPEEN DE NORMALISATION , *EN 1097-6: Détermination de la masse volumique réelle et du coefficient d'absorption d'eau,* Paris, 2001.

[51] COMITE EUROPEEN DE NORMALISATION , *EN 933-1: Détermination de la granularité-Analyse granulométrique par tamisage,* Paris, 1997.

[52] COMITE EUROPEEN DE NORMALISATION , *EN 933-3:Détermination de la forme des granulats-coefficent d'applatissement,* Paris, 1997.

[53] COMITE EUROPEEN DE NORMALISATION , *EN 933-8: Evaluation des fines-Equivalent de sable,* Paris, 1999.

[54] COMITE EUROPEEN DE NORMALISATION , *EN 12390-2: Confection et conservation des éprouvettes pour essais de résistance,* Paris, 2000.

[55] Saint-Arroman, R.Dupain et R.Lanchon-J.C., GRANULATS ,SOLS CIMENTS ET BETONS, CASTEILLA, 2004.

[56] MULLER et J.ROCHHOLZ, «Determination of the elastic properties of lightweight aggregate by ultrasonic pulse velocity measurement,» *The International Journal of lightweight Concrete,* n° %11, pp. 87-90, 1979.

[57] A. TCHEHOUALI, *Cours de matériaux de construction,* Abomey-calavi, 2010.

[58] M. GIBIGAYE, *Cours de définition et modélisation des structures,* Abomey-calavi, 2011.

[59] J.-P. MOUGIN, Béton armé BAEL 91 modifié 99 et DTU associès, Paris: Eyrolles, 2000.

[60] COMITE EUROPEEN DE NORMALISATION, *EN 206-1: béton,partie 1 : spécification, performances, production et conformité,* Paris, 2004.

[61] D. C. L. TEO, M. A. MANNAN et V. J. KURIAN, «Structural Concrete Using Oil Palm Shell (OPS) as Lightweight Aggregate,» *Turkish,* vol. 30, pp. 1-7, 2006.

[62] S. Park et H. Chisholm, «Polystyrene Aggregate Concrete,» *The Ressource Center for Building Excellence,* p. 16, 1999.

Table des matières

ANNEXES

ANNEXE A : Caractéristiques des granulats

Tableau A-0- 1 : résultats de l'analyse granulométrique sur le sable

Ouverture des tamis (mm)	Masse des refus partiels (Ri) (g)	Masse totale (g) Masse des refus cumulés (Rci) (g)	1200 Refus cumulé en %	Tamisats cumulés en %
5	0	0	0,00	100,00
3,15	2,4	2,4	0,20	99,80
2,5	6	8,4	0,70	99,30
1,25	66,6	75	6,25	93,75
0,63	641,28	716,28	59,69	40,31
0,5	206,52	922,8	76,90	23,10
0,315	198,48	1121,28	93,44	6,56
0,25	40,32	1161,6	96,80	3,20
0,16	16,8	1178,4	98,20	1,80
0,125	8,4	1186,8	98,90	1,10
0,08	1,92	1188,7	99,06	0,94
Tamisats	8	1196,7	99,73	0,27

Tableau A-0- 2 : Résultats de l'analyse granulométrique sur les coques de noix de palmistes

Masse totale (g)		1725		
Ouverture des tamis (mm)	Masse des refus partiels (Ri) (g)	Masse des refus cumulés (Rci) (g)	Refus cumulé en %	Tamisats cumulés en %
16	0	0	0	100
12,5	26	26	1,51	98,49
10	181	207	12	88
8	445	652	37,80	62,20
6,3	464	1116	64,70	35,30
5	345	1461	84,70	15,30
3,15	226	1687	97,80	2,20
2,5	20	1707	98,96	1,04
1,25	10	1717	99,54	0,46
Tamisats	8	1725	100	0

A.2. Mesure du coefficient d'aplatissement

Tableau A-0- 3: Mesure du coefficient d'aplatissement sur les coques de noix de palmistes

Masse de la prise d'essai M_0 = 2034,8 g				
Refus sur un tamis de 80mm = 0g				
Passant sur tamis de 4mm =57,4 g				
Somme des masses éliminées = 57,4 g				
Tamisage sur tamis d'essai		Tamisage sur grilles à fentes		
Granulats élémentaires d_i/D_i (mm)	Masse (R_i) du granulat élémentaire (d_i/D_i)	Ecartement nominal des fentes de la grille (mm)	Passant sur une grille à fentes (m_i) (g)	$A_i = m_i*100/R_i$
63/80	-	40	-	-
50/63	-	31,5	-	-
40/50	-	25	-	-
31,5/40	-	20	-	-
25/31,5	-	16	-	-
20/25	-	12,5	-	-
16/20	0	10	0	-
12,5/16	73,2	8	32	43,72
10/12,5	297,2	6,3	169,8	57,13
8/10	490,9	5	310,3	63,21
6,3/8	656,5	4	494,5	75,22
5/6,3	330,5	3,15	238,9	72,28
4/5	124	2,5	82,1	66,21
M_1=somme des R_i		M_2=somme des m_i	1327,6	
A= 100 (M_2/M_1)			67,31	

A.3. Essai d'équivalent de sable

Tableau A-0- 4 : Détermination de la valeur d'équivalent de sable

Masse en l'état de l'échantillon : $M_1 = 213,4$ g

Masse sèche de l'échantillon : $M_2 = 199,2$ g

Teneur en eau : $w = \frac{M_1 - M_2}{M_2} \times 100 = 0,90$ %

Masse humide de chaque prise d'essai (g)

$M_h = 120 \times \left(1 + \frac{w}{100}\right) = 121,08$

	Masse de l'éprouvette M_h(g)	Hauteur lues		Equivalent de Sable (ES)
		H1 (mm)	H2 (mm)	
1ère éprouvette	121,08	99	65	65,7
2ème éprouvette	121,08	103	65	63,1
ES (valeur moyenne)				64

Tableau A-0- 5 : Valeur préconisée pour l'Equivalent de sable et interprétation

ES à vue	ES piston	Nature et qualité du sable
ES < 65	ES < 60	Sable Argileux : risque de retrait ou de gonflement, à rejeter pour des bétons de qualité
65 ≤ ES ≤75	60 ≤ ES < 70	Sable légèrement argileux de propreté admissible pour bétons de qualité courante quand on ne craint pas particulièrement le retrait
75 ≤ ES ≤85	70 ≤ ES <80	Sable propre à faible pourcentages de fines argileuses convenant parfaitement pour les bétons de haute qualité (Valeur optimale ES piston =75 ; ES à vue=80)
ES ≥ 85	ES ≥ 80	Sable très propre : l'absence presque totale de fines argileuses risque d'entrainer un défaut de plasticité du béton qu'il faudra rattraper par une augmentation du dosage en eau

Source [3]

A.4. Masse volumique en vrac

Tableau A-0- 6: Détermination de la masse volumique en vrac du sable

	1ère éprouvette	2ème éprouvette	3ème éprouvette
Masse conteneur vide m_1 (kg)	9,229	9,229	9,229
Masse conteneur + éprouvette m_2 (kg)	17,761	17,819	17,879
Volume conteneur V (l)	5,048	5,048	5,048
Masse volumique en vrac $\rho_v = \frac{m_2 - m_1}{V}$	1,69	1,70	1,71
Valeur moyenne en Mg/m³		1,70	

Tableau A-0- 7: Détermination de la masse volumique en vrac des coques de noix de palmistes

	1ère éprouvette	2ème éprouvette	3ème éprouvette
Masse conteneur vide m_1 (kg)	9,229	9,229	9,229
Masse conteneur + éprouvette m_2 (kg)	11,904	11,955	11,905
Volume conteneur V (l)	5,048	5,048	5,048
Masse volumique en vrac $\rho_v = \frac{m_2 - m_1}{V}$	0,53	0,54	0,53
Valeur moyenne en Mg/m³		0,53	

A.5. Masse volumique réelle

Tableau A-0- 8: Détermination de la masse volumique réelle du sable

Désignation	1ère Eprouvette	2ème Eprouvette
Référence du pycnomètre	P1	P2
Masse de l'échantillon sec (g)	799,6	796,9
Masse Pycnomètre + entonnoir M_1 (g)	529,0	558,9
Masse Pycnomètre + entonnoir + Echantillon M_2 (g)	1328,6	1355,5
Masse Pycnomètre + entonnoir + Echantillon+ Eau M_3 (g)	2303,9	2316,4
Température de l'eau au cours de l'essai (°C)	21°	21°
Masse volumique de l'eau à la température du bain d'eau ρ_w	0,9980	0,9980
Volume du pycnomètre V (ml)	1285,403	1269,807
Masse volumique réelle pré-séchée ρ_p (Mg/m^3) $\rho_p = \dfrac{(M_2-M_1)}{V-[(M_3-M_2)/\rho_w]}$	2,595	2,592
Moyenne ρ_p (Mg/m^3)	2,59	

Tableau A-0- 9: Détermination de la masse volumique réelle des coques de noix de palmistes

Désignation	1ère Eprouvette	2ème Eprouvette
Référence du pycnomètre	P3	P5
Masse de l'échantillon sec (g)	1374,3	1381,5
Masse Pycnomètre + entonnoir M_1 (g)	764,9	761,6
Masse Pycnomètre + entonnoir + Echantillon M_2 (g)	2139,2	2143,1
Masse Pycnomètre + entonnoir + Echantillon+ Eau M_3 (g)	3623,4	3602,2
Température de l'eau au cours de l'essai (°C)	20°	20°
Masse volumique de l'eau à la température du bain d'eau ρ_w	0,9982	0,9982
Volume du pycnomètre V (ml)	2499,479	2491,925
Masse volumique réelle pré-séchée ρ_p (Mg/m^3) $$\rho_p = \frac{(M_2 - M_1)}{V - [(M_3 - M_2)/\rho_w]}$$	1,357	1,341
Moyenne ρ_p (Mg/m^3)	1,35	
Coefficient d'absorption en %	22,40	

ANNEXE B : Caractéristiques physiques et mécaniques des bétons de coques de noix de palmistes

B.1 : Masse volumique du béton frais et durci

Tableau B-0- 1 : Masse volumique du béton frais et durci

Désignation	Dosage en ciment (kg/m³)	Nature des coques	Densité du béton frais (kg/m³)		Densité du béton durci (kg/m³)	
			Moyenne	Ecart type	Moyenne	Ecart type
Bétons de coques de noix de palmiste avec variation du dosage en ciment						
Type 1	350	nt	1737,65	53,52	1738,45	45,45
Type 2	350	t	1748,61	49,95	1749,20	29,18
Type 3	400	nt	1783,78	52,38	1884,60	55,41
Type 4	400	t	1794,25	36,45	1895,11	34,23
Type 5	450	nt	1824,32	47,64	1825,10	43,28
Type 6	450	t	1830,12	56,58	1831,20	30,76
Type 7	500	nt	1834,63	21,43	1834,56	46,12
Type 8	500	t	1840,77	38,31	1840,88	22,15
Type 9	550	nt	1863,13	35,53	1864,04	30,55
Type 10	550	t	1870,45	30,38	1870,91	57,07
Type 11	600	nt	1907,55	44,99	1908,34	12,62
Type 12	600	t	1916,23	43,53	1917,28	17,15

B.2 : Caractéristiques physiques des bétons de coques de noix de palmistes

Tableau B-0- 2 : Affaissement du béton de coques de noix de palmistes

Désignation	Dosage en ciment (kg/m³)	Nature des coques	Affaissement du béton (cm)
Type 1	350	nt	4,5
Type 2	350	t	4,5
Type 3	400	nt	5,3
Type 4	400	t	5,3
Type 5	450	nt	6,2
Type 6	450	t	6,3
Type 7	500	nt	7,2
Type 8	500	t	7,1
Type 9	550	nt	8,3
Type 10	550	t	8,2
Type 11	600	nt	9
Type 12	600	t	9

B.3 : Caractéristiques mécaniques des bétons de coques de noix de palmistes

Tableau B-0- 3 : Résistances à la compression et à la traction des bétons de coques de noix de palmistes

Désignation	Dosage	Résistance en compression à 7 jours d'âge	Résistance en compression à 28 jours d'âge	Résistance en traction à 28 jours d'âge
Bétons de coques de noix de palmiste avec variation du dosage en ciment				
type 1	350	2,536	5,121	0,9272
type 2	350	3,928	5,941	0,9965
type 3	400	5,634	8,120	1,0922
type 4	400	6,032	8,584	1,1551
type 5	450	6,065	8,421	1,1253
type 6	450	6,247	8,674	1,1604
type 7	500	7,640	10,275	1,2365
type 8	500	8,087	10,705	1,2823
type 9	550	8,518	11,826	1,3296
type 10	550	8,774	12,181	1,3709
type 11	600	8,990	12,678	1,4175
type 12	600	9,893	13,771	1,4663

ANNEXE C : Extrait de plans d'un bâtiment d'habitation de type R+1

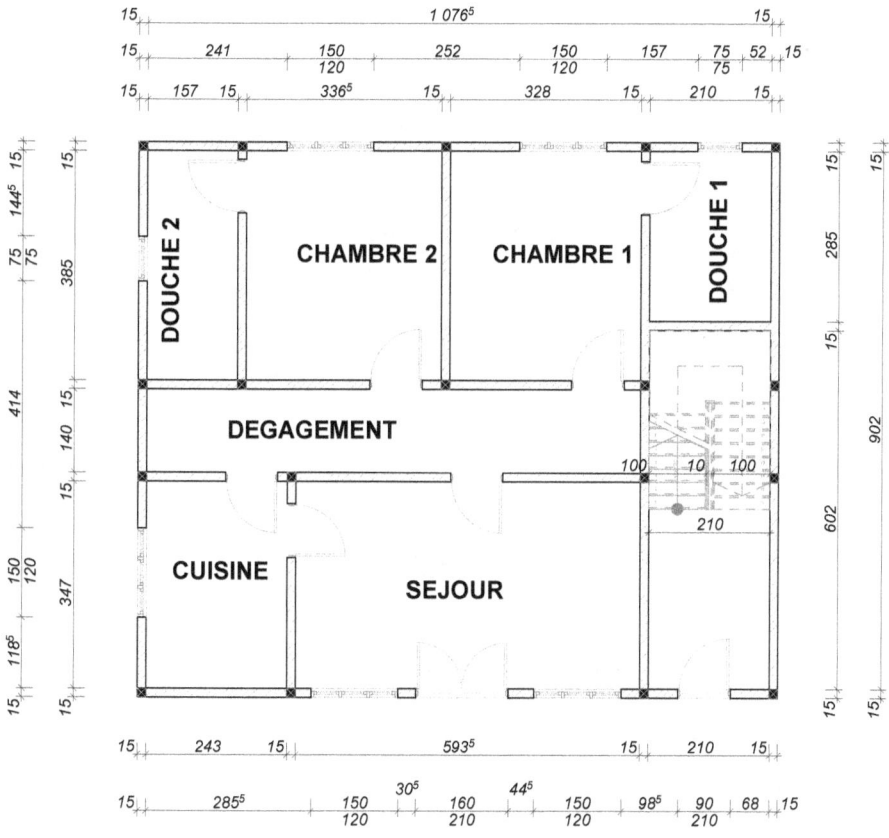

PLAN COTE RDC

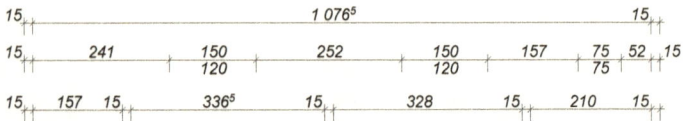

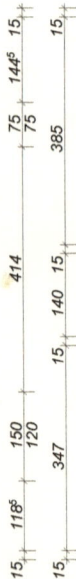

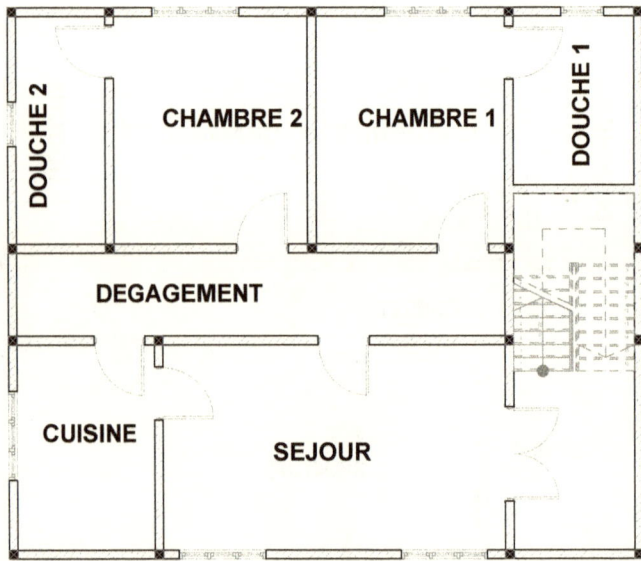

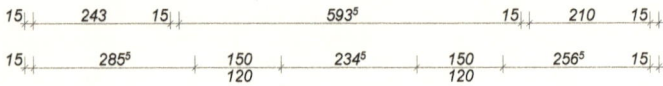

PLAN COTE R+1

15   1 076⁵   15

Acrotère de hauteur 1,1m

15 210 15

285

15

Terasse accessible

902

15

300

300

15

287

15

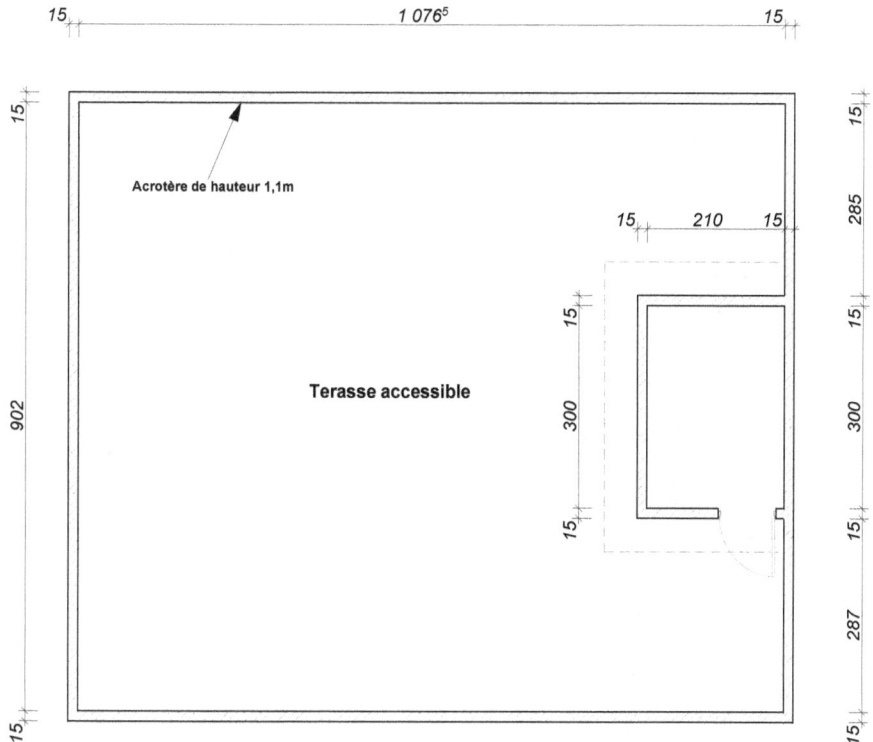

PLAN COTE DE LA TOITURE TERRASSE

FACADE PRINCIPALE

2 Toiture
+6,00

1 Etage 1er
+3,00

0 Rez-de-chaussée
±0,00

FACADE POSTERIEUR

2 Toiture
+6.00

1 Etage 1er
+3.00

0 Rez-de-chaussée
±0.00

FACADE LATERALE GAUCHE

2 Toiture
+6,00

1 Etage 1er
+3,00

0 Rez-de-chaussée
±0,00

FACADE LATERALE DROITE

2 Toiture
+6,00

1 Etage 1er
+3,00

0 Rez-de-chaussée
±0,00

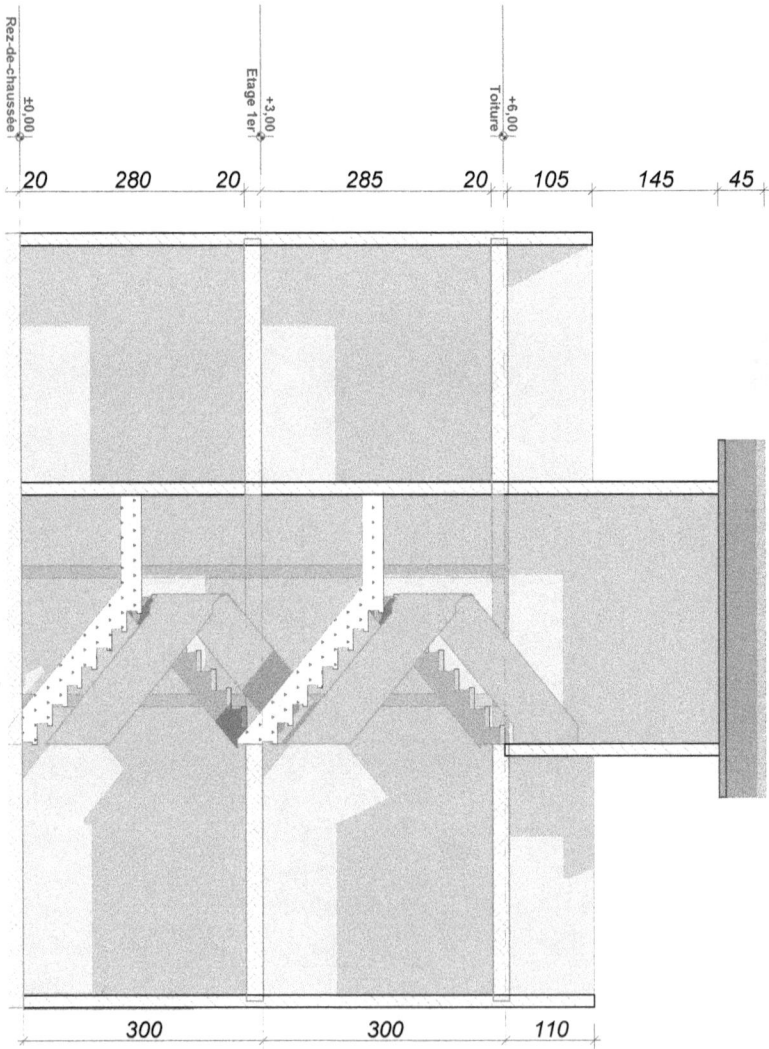

COUPE A-A

Rez-de-chaussée ±0,00
Etage 1er +3,00
Toiture +6,00

20 · 280 · 20 · 285 · 20 · 105 · 145 · 45

300 · 300 · 110

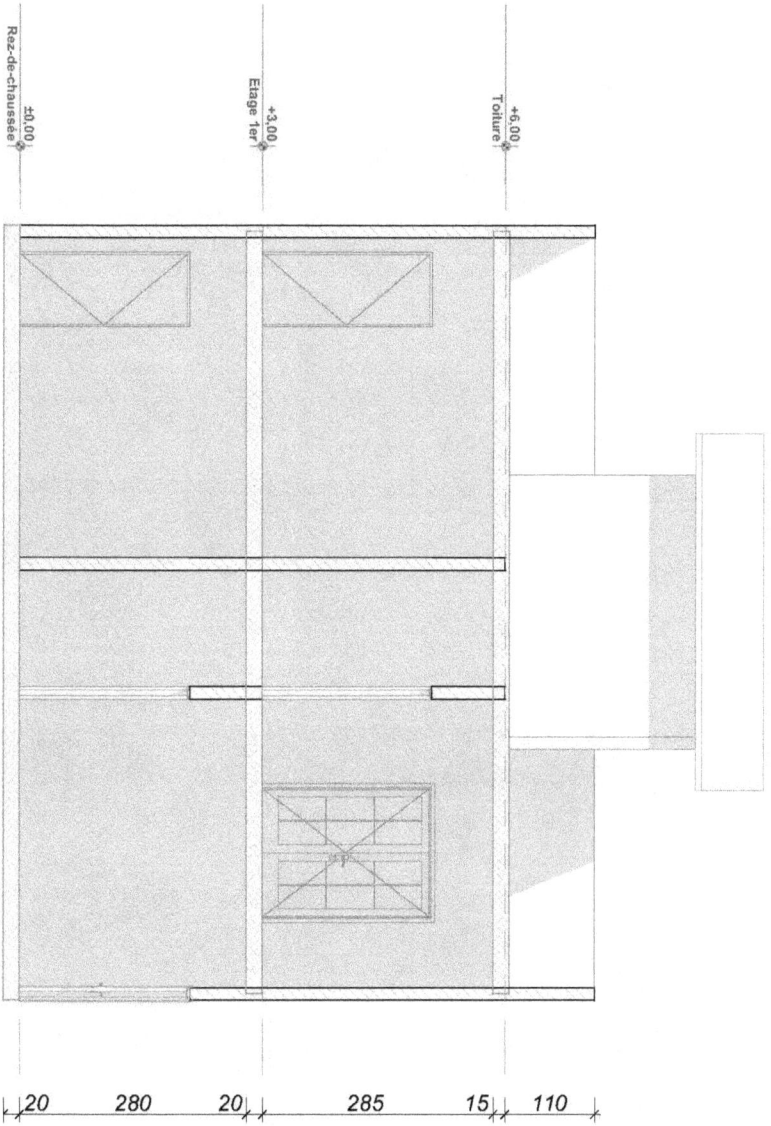

COUPE B-B

Rez-de-chaussée ±0.00

Étage 1er +3.00

Toiture +6.00

| 20 | 280 | 20 | 285 | 15 | 110 |

VUE 3D 01

VUE 3D 02

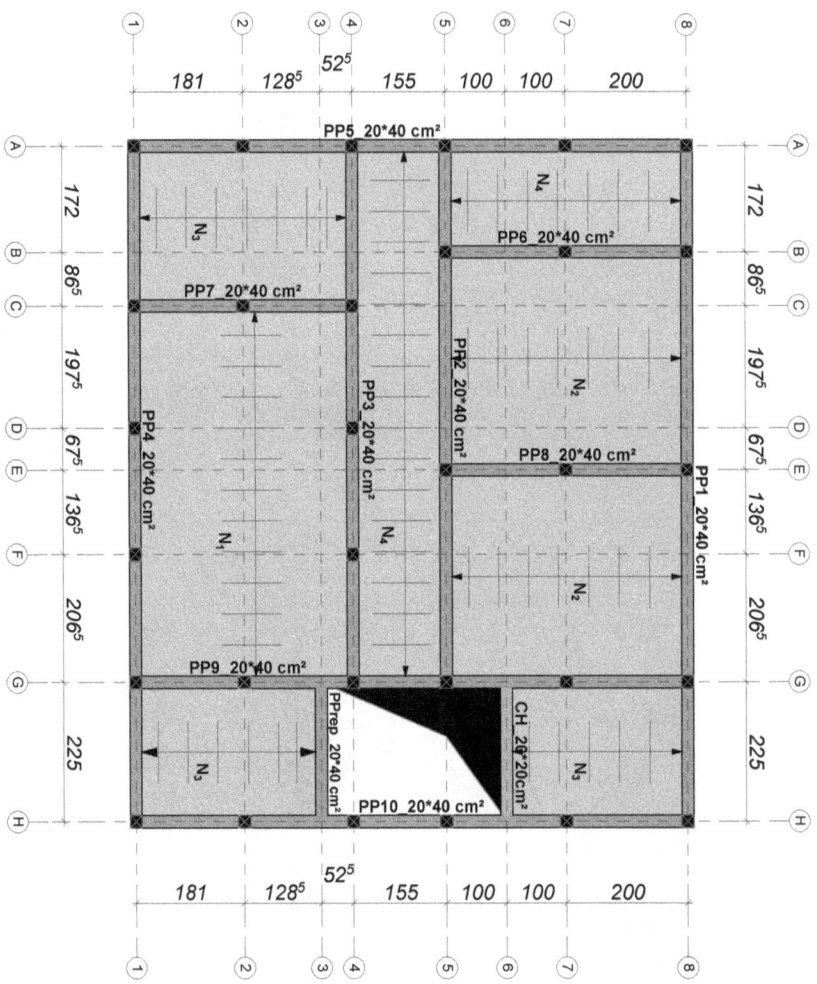

PLAN DE POUTRAISON DU PLANCHER HAUT RDC ET R+1